Dekan: Professor Dr. Ehrenberg.
Referent: Geh. Regierungsrat Prof. Dr. J. König.

ISBN 978-3-662-23693-2   ISBN 978-3-662-25782-1 (eBook)
DOI 10.1007/978-3-662-25782-1

Softcover reprint of the hardcover 1st edition 1913

Inhalt.

Seite

I. Einleitung 5

  1. Statistische Übersicht über die Gewinnung und den Handel
mit Fischrogen 5

  2. Gewinnung und Verbrauch von Kaviar 12

II. Untersuchung von Fischsperma 17

  1. Allgemeine Zusammensetzung des Fischspermas 18

  2. Bestimmung und Trennung der Stickstoffverbindungen des
Fischspermas 19

  3. Untersuchung des Fischsperma-Fettes 31

III. Untersuchung von Fischrogen und Kaviar 34

  1. Allgemeine Zusammensetzung des Rogens und Kaviars . . 34

  2. Zerlegung der einzelnen Bestandteile 41

  3. Trennung und Bestimmung der Fleischbasen und Aminosäuren 44

  4. Die Proteine des Fischrogens 56

  5. Fette, Säuren und Mineralstoffe 72

  6. Zusammenfassung der Ergebnisse 76

I. Einleitung.

1. Statistische Übersicht über die Gewinnung und den Handel mit Fischrogen.

Die Fischeier (oder der Fischrogen) werden entweder in und ebenso wie das Sperma (die Milch) mit den Fischen selbst — z. B. in Karpfen und Heringen u. a. — oder erst nach Zubereitung als Kaviar genossen. Gegenüber den Vogeleiern[1]) ist der Verbrauch von Fischeiern nur gering.

----

[1]) Nach statistischen Angaben in Geflügelbörse 1912, **33**, 1502 bis 1522, betrug 1911 für Großberlin mit 2,071 Mill. Einwohnern der Verbrauch an Hühnereiern 10441062 Schock, d. i. 626,5 Mill. Stück im Werte von 41,15 Mill. Mark. Hiernach entfällt auf 1 Kopf der tägliche Verbrauch von 0,83 Ei = 41,5 g (1 Ei = 50 g gerechnet).

Die Einfuhr an Eiern betrug 1911 im ganzen 1572144 dz = 4307 dz für den Tag. Die Ausfuhr betrug 4283 dz im Jahre oder 11,76 dz für den Tag.

Rechnet man den Gesamtverbrauch an Eiern im Deutschen Reich für den Tag und Kopf nur zu 25 g = $^1/_2$ Ei, so werden täglich von 65 Mill. Einwohnern 32500000 Stück Eier = 1625000 kg = 16250 dz verbraucht. Hiernach ergibt sich die tägliche Produktion an Eiern wie folgt:

Gesamtverbrauch	16250 dz =	2112500 M.
Einfuhr	4307 „ =	469475 „
Ausfuhr	11,76 „ =	1408 „

Also tägliche Produktion an Eiern
im Deutschen Reich . . . . . 11931 dz = 1644433 M.
oder 23862000 Stück im Tage.

Mögen diese Zahlen auch nicht ganz der Wirklichkeit entsprechen, so werden sie doch nicht weit davon abweichen; jedenfalls zeigen sie, wenn man auch nur die Hälfte an Eierverbrauch, also $^1/_4$ statt $^1/_2$ Ei für den Kopf und Tag, annimmt, daß die Hühnereier für die menschliche Ernährung keine geringe Rolle spielen.

In ein etwas anderes Licht tritt die Bedeutung des Fischrogens als Nahrungs- bzw. Genußmittel, wenn man gleichzeitig die Preise des Kaviars in Betracht zieht. So stellte sich die Ein- und Ausfuhr, sowie der Geldwert von Fischen und Seetieren für das Jahr 1910[1]), wie folgt:

Bezeichnung:	Einfuhr:		Ausfuhr:		Bemerkung:
	dz.	1000 M.	dz.	1000 M.	
Salzwasserfische: (Heringe, Breitlinge, Sprotten, Salzheringe, Heringsmilch):	2 726 402	73 744	123 134	4644	Einfach zubereitet oder gesalzen.
Süßwasserfische:	102 249	13 658	24 641	2976	
Lachs:	42 275	6764	545	137	Einfach zubereitet.
Bücklinge und andere Fische; Fischmehl, -wurst, -milch:	30 220	2115	16 823	1006	
Miesmuscheln:	22 520	270	5	0	
Sardellen:	16 660	1592	171	22	
Hummer, Langusten:	13 001	4730	13	5	
Stockfisch:	9854	985	4095	248	
Austern:	9659	661	79	8	
Kaviarlake:	3602	8602	3505[2])	279	
Insgesamt:	2 976 442	113 121	173 011	9325	
Davon Kaviarlake:	3602	8602	3505	279	
in %:	0,127	7,604	2,026	2,992	

Dem Geldwerte nach steht also die Kaviarlake bereits an 4. Stelle und übertrifft bei weitem die Einfuhr von anderen wertvollen Seetieren, wie Lachs, Sardellen, Austern usw.

Im Gegensatz zur Einfuhr ist die Gewinnung deutschen Kaviars kaum mehr nennenswert.

In Hamburg, St. Pauli Fischmarkt gelangten in den letzten Jahren folgende Mengen Störrogen zum Verkauf:[3])

---

[1]) Aus den Angaben der Vierteljahrshefte für Statistik berechnet.
[2]) Größtenteils Rogen für Fischereizwecke; vgl. unten.
[3]) Jahresbericht der Hamburgischen Fischereidirektion 1910 u. 1911.

| | | | Durchschnitt |
Jahr	kg	M.	1 kg in M.
1908:	14,00	137,12	9,79
1909:	58,75	638,04	10,86
1910:	43,25	364,15	8,42
1911:	80,00	447,82	5,60

Die auf dem Altonaer Fischmarkt seit dem Jahre 1895 gehandelten Mengen Störrogen betrugen[1]):

Jahr:	1895	1896	1897	1898	1899	1900	1901	1902
kg:	6032	5036	1865	1056	1836	3572	1806	3127
Jahr:	1903	1904	1905	1906	1907	1908	1909	1910
kg:	2855	1792	781	566	419	251	174	159

Der Preis des Störrogens betrug im Jahre 1900 durchschnittlich 7,12 M. für 1 kg, im Jahre 1901: 5,30 M. und im Jahre 1902: 7,64 M. In den letzten Jahren ist der Störrogen noch teurer bezahlt worden, doch liegen statistische Aufzeichnungen hierüber nicht vor.

Sehr auffällig ist in vorstehender Tabelle das stete Abfallen der Störrogen-Gewinnung.

Von der Abnahme der Störfischerei in der Elbe lesen wir auch an anderer Stelle von Blankenburg[2]):

„Nach Carl Hagenbeck sind zu dessen Jugendzeit in jeder Saison durchschnittlich 4000 bis 5000 Störe verarbeitet worden. Der Kaviar kostete damals 10 bis 12 preuß. Taler pro Eimer (= 15 Liter). 1888 wurden in der Unterelbe und der Elbmündung noch insgesamt 3500 Störe erbeutet. Im folgenden Jahre wurden an der Küste 3725 Stück gefangen, davon jedoch nur etwa $\frac{1}{8}$ in den Flüssen." Die Fangergebnisse in den folgenden Jahren, soweit die Störe von deutschen Elb- und Hochseesegelfischern in und vor der Elbe angelandet wurden, sind in folgender Tabelle niedergelegt:

Jahr:	1890	1891	1892	1893	1894	1895	1896	1897	1898	1899
Störe:	2800	2396	3720	2494	3082	1994	2215	1227	999	1018
Jahr:	1900	1901	1902	1903	1904	1905	1906	1907	1908	
Störe:	1275	1113	1173	1004	957	664	824	571	644	

Auch hier tritt wiederum ein stetiger Rückgang der wertvollen Störfischerei hervor.

---

[1]) Privatmitteilung des Königl. Oberfischmeisters für die Nordsee, Herrn Blankenburg.

[2]) Der Fischerbote 1, 1910. Nachstehend im Auszuge wiedergegeben.

In dem Flußgebiet der Oste und Stör, ferner der Weser und Ems läßt sich gleichfalls eine stetige Abnahme der Störfische feststellen. Augenblicklich kann man der deutschen Störfischerei kaum mehr eine Bedeutung beilegen. Die Ursache dieses Rückganges läßt sich schwer feststellen. Vielleicht sind es Vorgänge hydrobiologischer Natur in der See oder den Flüssen, die den Stör von deutschen Gewässern fernhalten bzw. ihm den Aufenthalt in denselben verleiden. Möglicherweise ist auch der Rückgang der Störfischerei nicht in letzter Linie eine Folge des unrationellen Fanges auch der kleineren Fische.

Immerhin sucht man, besonders in den letzten Jahren, durch Anlage von Laichschonrevieren die Störzucht wieder zu heben, ein Unternehmen, das, wie es scheint, von Erfolg gekrönt sein wird. Seit dem Jahre 1908 können wir dank der Jahresberichte der Hamburgischen Fischereidirektion genau den jeweiligen Stand des Hamburger Störfanges übersehen. Folgende Tabelle, jenen Statistiken entnommen, gibt uns die in den letzten Jahren in Hamburg gelandeten Störmengen nach den Haupteinfuhrländern an:

Jahr:	Deutschland:			Dänemark:			Schweden:		
	Pfd.	M.	1 Pfd.	Pfd.	M.	1 Pfd.	Pfd.	M.	1 Pfd.
1908:	8566	10678	1,25	1822,5	1057	0,58	367	477	1,30
1909:	5109	5400	1,06	1181,5	1026	0,87	370	348	0,94
1910:	6572	8231	1,25	1029,5	915	0,89	—	—	—
1911:	8508	11258	1,32	753,0	841	1,12	—	—	—

Jahr:	Holland:			Großbritannien:		
	Pfd.	M.	1 Pfd.	Pfd.	M.	1 Pfd.
1908:	655	588	0,884	4362	3906	0,90
1909:	80	65	0,81	4270	4296	1,01
1910:	—	—	—	2120	2595	1,22
1911:	—	—	—	1218	1244	1,02

Es scheint also, daß in Hamburg ganz neuerdings der Störfang wieder ergiebiger wird, während im gleichen Schritt die Einfuhr von auswärts sinkt, wie die angeführten Zahlen von Großbritannien und Dänemark zeigen. Einen ähnlichen Niedergang zeigt auch der Verbrauch an ausländischem Kaviar, wie aus folgenden Angaben der Vierteljahrshefte für Statistik und der statistischen Jahrbücher hervorgeht:

Handelsstatistik von Kaviar und Surrogaten für Deutschland.

| | Einfuhr | | | | | | Ausfuhr | | | | |
1	2	3	4	5	6	7	8	9	10	11	12
Jahr	dz = 100 kg	1000 M.	Wert eines Kilogramms M.	Gramm pro Kopf	Pfennig pro Kopf	Einwohnerziffer in Millionen	dz = 100 kg	1000 M.	Wert eines Kilogramms M.	Mehreinfuhr in dz	Mehreinfuhr in 1000 M.
1878	2060	—	—	4,70	—	—	140	—	—	1920	—
1879	2070	—	—	4,65	—	—	60	—	—	2010	—
1895	3970	4100	10,33	7,73	7,9	51,4	—	—	—	—	—
1896	4026	4367	10,85	7,71	8,4	52,2	61	43	7,05	3965	4320
1897	4314	5609	13,00	8,14	10,5	53,0	70	55	7,86	4244	5554
1898	3590	5465	15,22	6,67	10,1	53,8	54	43	7,96	3436	5422
1899	3805	5831	15,32	6,97	10,6	54,6	40	45	11,25	3765	5786
1900	3902	6251	16,02	7,04	11,3	55,4	49	63	12,86	3853	6188
1901	3891	6562	16,87	6,91	11,6	56,3	90	128	14,22	3801	6431
1902	3974	5667	14,24	6,95	9,9	57,2	168	222	13,21	3806	5445
1903	4087	6826	16,70	7,05	11,4	58,0	170	241	14,18	3917	6585
1904	4322	7289	16,87	7,35	12,4	58,9	92	110	11,96	4230	7179
1905	3869	6896	17,82	6,48	11,5	59,7	770	125	1,62	3099	6773
1906 { März bis Dezember	(3127)	(5534)	17,70[1]	5,68[1]	10,0[1]	60,6	(2056)	(579)	2,82	(1071)	(4955)
1907	3812	7546	19,80	6,19	12,3	61,6	396	226	6,98	3416	7320
1908	3585	8545	23,84	5,73	13,7	62,5	1573	164	1,05	2012	8381
1909	3508	9415	26,84	5,54	14,8	63,4	2775	173	0,62	733	9242
1910	3602	8602	23,88	5,60	13,4	64,3	3505	273	0,80	97	8329
1911	3950	9068	22,96	6,08	13,7	65,2	4570[2]	325	0,71	(— 620)	8743

Spalte 2 nach den Jahrbüchern der Statistik und den Vierteljahrsh. f. St.   Sp. 3 desgl.   Sp. 4 berechnet.   Sp. 5 desgl. Sp. 6 desgl.   Sp. 7 für Jahresmittel nach dem statist. Jahrb. berechnet.   Sp. 8 vgl. Sp. 2.   Sp. 9 desgl.   Sp. 10 berechnet.   Sp. 11 desgl. Sp. 12 desgl.   [1]) Aus der Angabe berechnet für ein volles Jahr.   [2]) „Besonders Fischrogen als Fischköder."

Wir sehen, daß die Einfuhrmenge sich in den letzten 15 Jahren mit geringen Schwankungen auf ca. 3500 bis 4000 dz gehalten hat. Der Preis ist andauernd gestiegen und mit ihm auch der Wert der Einfuhr. Der Verbrauch für den Kopf hat aber etwas abgenommen, während die Menge des für Kaviar ausgegebenen Geldes gestiegen ist.

Bei der Ausfuhr fällt die verhältnismäßig große Menge des ausgeführten Kaviars und sein geringer Wert sofort auf. Wir müssen, zumal da wir gesehen haben, daß die Eigenproduktion eine sehr geringe ist, annehmen, daß es sich um minderwertige Ersatzstoffe oder nicht zu Genußzwecken bestimmte Erzeugnisse handelt. In der Tat enthält ja auch die Angabe für 1911 die Bemerkung: „Besonders Fischrogen als Köder". In diesem Sinne wird auch folgende, dem Jahrbuch für Statistik 1912 entnommene Zusammenstellung aufzufassen sein:

Im Nordseegebiet wurden an Rogen und Kaviar gewonnen:

	1908	1909	1910	1911
Rogen dz	1612	3519	2166	3995
1000 M.	19,2	17,9	16,4	31,9
Kaviar dz	3	2	2	1
1000 M.	2,9	3,0	1,9	0,7

Jedenfalls ist hier Kaviar als Störrogen aufgefaßt, während die anderen Rogen von minderwertigeren Fischen zu Fischereizwecken gewonnen werden.

In der Reihe der Länder, aus denen Deutschland seinen Kaviar bezieht, steht an erster Stelle Rußland; betrug doch die Einfuhr von dort, mit der Gesamteinfuhr verglichen:

	1907	1908	1909	1910	1911	
Einfuhr von Rußland .	7,5	8,5	9,3	8,527	9,046	Mill. M.
Gesamteinfuhr . . .	7,55	8,55	9,4	8,602	9,068	„ „

Über die zahlenmäßige Bedeutung in anderen Ländern konnten wir nur wenig in Erfahrung bringen.

So betrug für Norwegen[1]) die Gesamtausfuhr an Rogen:

1908	1909	1910
64 440 hl	47 461 hl	41 553 hl

---

[1]) Mitteilungen des deutschen Seefischereivereins **12**, 422, 1911.

Diese Mengen dienten nur zum allergeringsten Teil dem Genusse; mehr wurden sie als Köder, besonders beim Sardinenfang in Spanien, in größerem Maßstabe angewendet.

Auch in Frankreich[1]) werden große Mengen Fischrogen zu Fischereizwecken eingeführt, so besonders nach den Orten: Douarnenez, Loc Tudy, Concarneau, Lorient, La Croisie, Nantes, Sables d'Olonne und Bordeaux. Die Preise betrugen je nach Qualität 18 bis 42 Fr. für die Tonne; doch wurde in den vorhergehenden Jahren mehr dafür gezahlt.

In Douarnenez wurden bis zum 13. Juli (1912?) allein 2355 t norwegischer und 2750 t deutscher Rogen gelandet, in Concarneau 1070 t, in Lorient 1952 t Rogen aus Norwegen, außerdem 2500 t englischer Rogen. Auch die Einfuhr nach Sables d'Olonne beträgt über 2000 t, also gewaltige Mengen. Außer aus vorstehend benannten Ländern wurde auch noch amerikanischer, französischer, dänischer und japanischer Rogen abgesetzt.

Der norwegische Dorschrogen galt früher als der beste, doch konkurriert der deutsche schon jetzt sehr stark mit ihm, indem letzterer auch höhere Preise erzielt als der nordische Rogen. Der englische Dorschrogen ist minder wertvoll; schließlich der amerikanische und französische am wenigsten angesehen; das gleiche gilt vom japanischen. Dänemark liefert guten Rogen, aber geringe Mengen. Auch künstlicher Rogen und Arachidenmehl wurden beim Sardinenfang in Anwendung gebracht; ersterer ist jedoch, da Versuche mit ihm vollständig mißglückten, wieder von der Bildfläche verschwunden. Unsere Bemühungen, denselben zu erhalten, um seine chemische Zusammensetzung festzustellen, waren erfolglos[2]). Eine Probe Arachidenmehl

---

[1]) Mitteil. d. deutschen Seefischereivereins 28, 368, 1912.

[2]) Nach einer Zeitungsnotiz (Köln. Volkszeitung vom 23. III. 1913, 2. Blatt) wird der künstliche Rogen aus einer Mischung von Roggen, Weizen oder auch Erdnußöl, etwas Casein, Fischöl, getrocknetem Blut, Knochenmehl und vielleicht noch anderen Stoffen hergestellt. Diese werden in kochendem Wasser zu einem Teig geknetet und dann mit gestoßenen Heringsköpfen und etwas Seesand vermengt. Der Mißerfolg dieses Köders hängt nicht zum mindesten damit zusammen, daß er verhältnismäßig leicht in Gärung übergehen und dann ein Massensterben von Sardinen hervorrufen kann. Der auf einen wirksamen Ersatz des natürlichen Rogens als Sardinenköder ausgesetzte Preis von 20000 M. hat bisher noch nicht seinen Gewinner gefunden.

enthielt: 7,50 $^0/_0$ Wasser, 3,97 $^0/_0$ Asche, 10,50 $^0/_0$ Fett, 51,75 $^0/_0$ Protein, 5,37 $^0/_0$ Rohfaser und 20,91 $^0/_0$ stickstofffreie Extraktstoffe. Hiernach und nach der mikroskopischen Untersuchung ist das Arachidenmehl entfettetes Erdnußmehl.

2. Gewinnung und Verbrauch von Kaviar.

Kaviar nennt man Fischrogen, die von Häuten und Sehnen befreit sind und zur Konservierung einen Zusatz von Kochsalz erhalten haben. Nach Heinzerling soll das Wort aus dem Italienischen stammen (Caviale) und Fastenspeise bedeuten, da der Kaviar früher in den Klöstern als Fastenspeise gegessen wurde[1]).

Der beste Kaviar wird in Rußland von den drei Störarten Hausen (Acipenser Huso), Stör (A. Sturio) und Sterlet (A. ruthenus) gewonnen (Malossol- und Astrachan-Kaviar). Dies ist jedoch nur der geringste Teil. Weit größere Mengen Rogen vieler anderer Fische werden zur Kaviarbereitung verwendet, z. B. vom Dorsch, Karpfen, Hecht, Barsch, Lachs, Forelle, Quappen, Plötzen, Hering, Meeräsche usw.[2]) Nach Mörner[3]) soll Kaviar vom Barsch gutes Aussehen und angenehmen Geruch besitzen, aber wegen seines adstringierenden Geschmacks ungenießbar sein. Auch ein Froschkaviar sollte in Rußland auf den Markt gelangen[4]), doch beruht diese Mitteilung wohl auf einem Irrtum[5]).

Im frischen Zustande zeigen alle Arten Störkaviar eine weiße Farbe[6]); doch weicht diese bald einer dunkleren, braungrün-schwarzen Farbe, so daß der in Deutschland käufliche Störkaviar fast ausschließlich dieses schwärzliche Aussehen besitzt.

Über die Gewinnung und den Verbrauch von dem wertvollen russischen Kaviar sowie über seinen Rückgang bringt

---

[1]) J. König und A. Splittgerber, Bedeutung d. Fischerei f. d. F. 76 Anm.

[2]) J. König, Chem. d. menschl. Nahrungs- u. Genußmittel III. 2. Tl.

[3]) Zeitschr. f. physiol. Chem. 40, 429 bis 464, 1903/04.

[4]) Zeitschr. f. Fleisch. u. Milchhygiene 15, 123, 1905.

[5]) Nach Dr. Arnold, Ichthyologie beim russ. Landwirtschaftsministerium (Mitteilung an die Allgem. Fischereizeitg. 1904, 453).

[6]) J. König und A. Splittgerber, l. c.

ein Zeitungsbericht[1]) folgende bemerkenswerte Schilderung von einem offenbar gut unterrichteten Gewährsmann:

„Zu den vornehmsten Genüssen der modernen Schwelgerkost gehört der russische Kaviar, die Ikra, wie er in Rußland genannt wird, und zwar der Kaviar von den Störfischen, denn diese Leckerei (sie war einst ein Nahrungsmittel) wird auch von anderen Fischen gewonnen, deren Rogen in bezug auf Wohlgeschmack und Bekömmlichkeit mit dem der Störfische, insbesondere der Beluga, keinen Vergleich aushalten kann.

Der beste Kaviar kommt von der Wolga und vom Ural, wo die in höchst primitiver Weise betriebene Abfischung jetzt beginnen und den von allen Feinschmeckern überaus hochgeschätzten frischen Kaviar liefern wird. Die Störfische haben nämlich die Gewohnheit, unfern den Mündungen der großen Stöme, in diesen selbst, oder im Meere an tiefen Stellen Winterlager zu beziehen, wo sie oft in ungeheuren Massen vorgefunden werden. Die Fischer kennen diese Stellen. und sie gehen den edlen Fischen mit Netzen verschiedener Systeme zuleibe, wobei so unverzeihliche Raubwirtschaft getrieben wird, daß der einst fabelhafte Fischreichtum Rußlands reißend schnell schwindet und in absehbarer Zeit Kaviar unerschwinglich teuer werden muß.

Die Astrachanschen Großfischereien sind seit Jahren bemüht, den Ast abzusägen, auf dem sie sitzen, doch danach fragt in Rußland, dessen gesamte Volkswirtschaft Raubbau ist, niemand; man lebt nur für den Tag und kümmert sich nicht um die Zukunft.

Die ungeheuren Anlagen in Astrachan, die gegen 8000 Menschen beschäftigen, sind eine Welt für sich — eine im wesentlichen sehr übelriechende Welt —, in der zur Zeit des Fischereibetriebes fieberhafte Tätigkeit herrscht. Mit unvergleichlicher Geschicklichkeit werden die Wolgariesen, die oft viele Zentner schwer sind, ausgenommen, zerlegt und eingepökelt; haarscharfe Messer blitzen, das Blut fließt in Strömen und überall rieselt Fett. Die großen Störfische werden in verschiedener Weise verwendet. Der Rücken gibt den köstlich delikaten Balyk, den man im Auslande nur wenig kennt, obwohl Balyk vom Stör oder von der Belorybiga eine der feinsten Delikatessen ist. Die Rückensehne heißt getrocknet Wjasiga und wird zur Füllung delikater Piroggen verwendet. Das übrige Fleisch wird gesalzen, gefroren oder getrocknet und dient als Volksnahrungsmittel. Das edelste Produkt ist aber der Kaviar, den der Hausen mitunter bis zu 20 Pud (à 16 kg) liefert. Der Rogen wird sorgfältig ausgenommen und in Siebe getan; er wird, um ihn von den Häuten und Sehnen zu befreien, mit dünnen Ruten vorsichtig geschlagen und dann mit sanftem Drucke durch die Maschen des Siebes gedrückt, worauf der perlende Kaviar mit feinstem Salze gesalzen und dann entweder in Büchsen oder in Tönnchen gepackt wird. Die Bearbeitung, insbesondere das Salzen des Kaviars ist, so einfach sie er-

---

[1]) Vgl. Münsterischer Anzeiger 1912, 5. Jan.

scheint, eine Kunst, die man „im Griffe" haben muß; gute Salzer verdienen demnach viel Geld; sie müssen eine leichte Hand und eine feine Zunge haben, um den edlen Malossol herzustellen.

Viel weniger Umstände macht man mit dem Preßkaviar, der „Pajussnajaikra", von der freilich auch sehr hohe Sorten hergestellt werden. Zur Pajussnaja werden geringere Rogensorten und Rückstück verwendet. Sie werden scharf gesalzen und in Fäßchen oder Büchsen gepreßt.

In Astrachan haben sich nur noch einige der alten millionenreichen Großfischereien erhalten, von denen einzelne sich die Liebhaberei gestatten, als Arbeiterinnen nur bildhübsche Mädchen anzustellen, denen eine besondere, farbenreiche Tracht eigentümlich war, — sie trugen Kniehosen und farbige Strümpfe. Das Leben auf diesen Fischereien schildert sehr anschaulich Maxim Gorki — freilich zeichnete Gorki sich durch ein Riechorgan von großer Duldsamkeit aus, wenigstens übergeht er diesen hervorstechenden Umstand mit Stillschweigen.

Mit den besten Kaviar liefern auch die Uralkosaken, denen die Fischerei auf dem Ural gehört. Hochberühmt ist die Bagrjannajaikra, was wörtlich Hakenkaviar heißt. Die Uralkosaken fischen stets gemeinsam an streng festgesetzten Tagen. Die ganze männliche Bevölkerung findet sich auf dem Eise des Flusses ein; die Kosaken der einzelnen Gehöfte bilden kleine Gruppen, die mit Eisbeilen und Enterhaken an langen Stielen ausgerüstet sind. Am Ufer warten die Weiber und Mädchen, dampfen die Samowars, schrillen die Ziehharmonikas und kreisen fliegende Händler mit Schnaps und Imbiß und anderen guten und lockenden Dingen. Dann sprengt, gefolgt von seiner Suite, der Hetman des uralischen Heeres heran; die Hetmans der Stanigen (Dörfer) rapportieren der Exzellenz und ein feierlicher Gottesdienst wird zelebriert. Dann eilen alle auf das Eis zurück und nehmen ihre Plätze ein, was möglichst lautlos geschehen muß, um die Fische nicht zu verscheuchen. Ein Kanonenschuß dröhnt durch die klare Winterluft, das ist das Signal zum Beginn. Die Eisbeile sausen auf das Eis, das krachend zersplittert; in wenigen Minuten sind unzählige große Öffnungen hergestellt und nun senkt man die Enterhaken vorsichtig ins Wasser, man tastet nach schlafenden Fischen; der erfahrene Fischer hat es im Gefühl, wenn er auf einen großen Kaviarfisch stößt, er bohrt dem Fisch von unten herauf den scharfen Haken in den Leib und zieht ihn, wenn nötig, mit Hilfe seiner Gefährten aufs Eis, das sich bald mit Tausenden von Riesenfischen bedeckt, die von anderen Leuten sofort verarbeitet werden. Nach einigen Stunden meldet ein zweiter Kanonenschuß das Ende dieser barbarischen Fischerei, bei der Tausende kostbarer Fische verletzt werden und elend zugrunde gehen.

Die Uralkosaken liefern dem Hofe nicht nur Bagrjannaja-Kaviar, sondern auch ganze lebende Störe, die mit ungeheurer Mühe nach Petersburg gebracht werden. Die Bearbeitung der Fische erfolgt wie in Astrachan; hier wie dort läßt man die Fische im Winter nach Entnahme des Rogens einfach gefrieren und in diesem Zustande werden sie bis in die entferntesten Gegenden des Reiches versandt. Der Fischverbrauch ist in Rußland wegen der häufigen und ausgedehnten Fasten enorm.

In den letzten Jahren ist in Rußland der prächtige rote Keta-Kaviar sehr beliebt geworden. Der Keta-Kaviar ist der gesalzene Rogen des Amurlachses, der diesen und andere Flüsse Sibiriens bevölkert. Man kann sich keinen Begriff machen, in welchen Massen er vorkommt, wenn man nicht gesehen hat, wie dieser schöne Lachs zur Laichzeit einfach mit den Händen aus dem Wasser ans Ufer geworfen wird; hunderte Millionen werden gefangen, hunderte Millionen gehen zugrunde, und doch ziehen im nächsten Frühling wieder Milliarden flußaufwärts[1]). Der Keta-Kaviar ist, wie gesagt, von schöner, durchscheinender, rötlicher Farbe und von etwas schärferem Geschmack als etwa Beluga-Malossol; er ist aber doch eine erlesene Delikatesse, die man mit nur zwei Rubel das Pfund bezahlt, während guter Malossol mindestens sieben oder auch acht und zehn Rubel kostet.

Wenn in den Petersburger Delikatessenläden die ersten Sendungen frischen Kaviars eintreffen (man bevorzugt durchaus den Kaviar in Fäßchen!), dann versammeln sich die Gastrosophen in den stillen Hinterstuben um ein in Eis gelagertes Fäßchen und man schippt den Kaviar mit oder ohne Brot und trinkt ein gleichfalls in Eis gekühltes Schnäpschen; oder man schluckt Perlhuhn- oder Kibitzeier mit Kaviar. Zu großen Diners wird der Kaviar immer in einem gigantischen Eisblock serviert, denn warmer Kaviar ist in der Tat eine Barbarei wie warmer Sekt.

Seine glänzendsten Erfolge feiert aber der Kaviar in der Massljaniga, im russischen Fasching, der die Blini bringt, die ohne Kaviar geweiht undenkbar sind. Man verspeist die glühendheißen Pfannkuchen aus Buchweizenmehl mit eiskaltem Kaviar oder Shiompa (Lachs) oder Balyk. Aber Kaviar muß stets dabei sein, und auch Schnaps darf nicht fehlen.

Immerhin ist auch in Rußland Ikra zu einem Luxusartikel geworden, den man sich nur in kleinen Quantitäten oder nur bei besonderen Gelegenheiten gestatten kann. Die Zeiten sind vorüber, in denen man auf den Sakuskatisch ein paar Zehnpfundtönnchen stellte, oder wo gar die Dienerschaft in den Fasten sich mit Pajussnaja „begnügen" mußte. Im selben Maße, wie der Reichtum der Flüsse schwindet, löst sich auch der alte Reichtum Rußlands auf und greift besonnere Lebensführung um sich. Das mag dem Auslande zum Heile dienen, denn sonst würde es von diesen Herrlichkeiten kaum etwas zu sehen bekommen."

Der im vorstehenden Bericht erwähnte Keta-Kaviar hat im letzten Jahre den Malossol noch weiter verdrängt, der nur mehr bei sehr feinen Gastereien verabreicht wird[2]).

---

[1]) Vgl. auch den Bericht von Egon Freiherr von Kapher aus Tobolsk. Deutsche Fischerei-Korrespondenz **16**, 84, 1912.

[2]) Allgemeine Fischereizeitg. **20**, 511, 1912.

Über die Zubereitung des Elb-Kaviars berichtet P. Buttenberg[1]). Auch hier wird der Rogen durch grobmaschige Siebe
(6 mm) von den Häuten befreit und sofort gesalzen; der Salz-
zusatz beträgt 0,5 kg Kochsalz auf 4 bis 5 kg Rogen. In einigen
Rogen kommen auch einzelne größere Eier von weißer Farbe
vor, die bei der Kaviarbereitung nicht entfernt, sondern zu
einer Ware verarbeitet werden, die man als „Kaviar mit
Graupen" bezeichnet.

Über die Herstellung und wirtschaftliche Bedeutung des
nordischen Kaviars (in Schweden oder Norwegen hergestellt)
ist leider nur wenig an die Öffentlichkeit gelangt. Einige
Kaviarfabriken halten Herstellungsweise sowie Fischart ge-
heim; eine andere teilte uns mit, daß sie ihren Kaviar aus
Dorschrogen herstellte, weigerte sich jedoch, weitere Angaben
zu machen. Nach K. A. Andersson, Fiskeböckskil (Schweden)[2]) stammt der schwedische Kaviar hauptsächlich von den
zarthäutigen Eiern der Molva vulgaris Flem. (Gattung Lota),
des Lengfisches, eines nahen Verwandten des Schellfisches und
Dorsches, der eine Länge von etwa 1,5 m erlangt und im Nor-
den des Atlantischen Ozeans, besonders an den felsigen Küsten
Skandinaviens, viel gefangen wird. Sein Fleisch kommt von
Bergen aus auch als „Bergerfisch" getrocknet in den Handel.
Geringe Mengen Kaviar werden vom Aspius Alburnus L. (Ukele),
einem zu den Cypriniden gehörigen kleinen Süßwasserfisch,
gewonnen. Ins Auge fallend ist die helle Farbe und die fein-
körnige Beschaffenheit des schwedischen Kaviars, zwei Eigenschaften, die ihn leicht vom russischen unterscheiden lassen.

In Finnland[3]) wird der meist stark gesalzene gelbrötliche
Rogen der Zwergmaräne (Coregonus albula) unter dem Namen
„Muik-Kaviar" viel gegessen. In den Wintermonaten vertritt
diesen der als Delikatesse sehr geschätzte Quappen-Kaviar, der
leider, weil er zu einer Bandwurminfektion Anlaß geben kann,
nicht ganz einwandfrei ist[4]). Auch Heringsrogen wird be-

---

[1]) 4. Bericht des hygien. Instituts, Hamburg 1900/02, 13 bis 15.

[2]) Privatmitteilung an Herrn Priv.-Doz. Dr. A. Thienemann,
Münster, die mir in liebenswürdiger Weise zur Verfügung gestellt wurde.

[3]) Nach Schneider, Riga, Allgemeine Fischereizeitg. 20, 509, 1912.

[4]) Auch Kaviar von anderen Fischen, die die Finnen des breiten
Bandwurmes im Fleisch enthalten können (Hecht, Barsch, Bachforelle,

sonders von schwedischen Fischern dort mit Zwiebeln, Salz und Pfeffer als Speise zubereitet.

Geringere Bedeutung hat der „Ketzin" (von niederd. „Küt" = Eingeweide)[1]), ein roter aus Hechtrogen hergestellter Kaviar, sowie die Botarga, die besonders in der Levante der Rogen der Merräsche und des Zanders liefert. Auch von Brassen- und Plötzeneiern wird in der Levante ein Kaviar verkauft[2]).

Direkt giftig ist nach Knoch[3]) der Kaviar von drei Fischarten, die zur Familie der Schistothorax gehören und in Flüssen Mittelasiens vorkommen, obwohl im Aussehen und Geschmack nichts Auffälliges bemerkbar ist.

Schließlich sei noch ein sog. Sommer-Kaviar[4]) erwähnt, der zu bedeutend niedrigerem Preise verkauft werden soll; dieser besteht aus teilweise verdorbenem Fischrogen, der vollständig mit Salzwasser durchtränkt und in Fässer verpackt wird.

II. Untersuchung von Fischsperma.

Das Fischsperma[5]), das, ebenso wie der Fischrogen, auch vom Menschen (z. B. im Hering) mitgenossen wird[6]), hat in den letzten Jahren dadurch ein besonderes Interesse erweckt, daß A. Kossel[7]) in den aus Lachssperma von Miescher[8]) zuerst

---

Seeforelle, Saibling, Äsche, Wandermaräne, kleine Maräne) (vgl. J. König und A. Splittgerber, Bedeutung der Fischerei f. d. Fleischversorgung, S. 160), dürften in solchen Gegenden, in denen der Bandwurm häufig ist, aus gleichem Grunde für den Menschen gefährlich werden können.

[1]) Brockhaus, Konversations-Lexikon.

[2]) J. König und A. Splittgerber, Bedeutung der Fischerei f. d. Fleischversorgung, Berlin 1909, S. 67.

[3]) St. Petersburger med. Wochenschr. 10, 272, 1885.

[4]) J. König und A. Splittgerber, l. c.

[5]) Bei der Gewinnung von Fischsperma wie Fischrogen hat Herr Dr. A. Thienemann, Privatdozent an der Kgl. Universität und Biologe an der Landw. Versuchsstation, bereitwillige Hilfe geleistet, wofür ihm hier besonderer Dank ausgesprochen sei.

[6]) Besonders die Testikeln von gesalzenen Heringen werden vielfach verzehrt, die von Bratheringen sind gebraten sehr schmackhaft, das bekannte Gericht Heringssalat wird meistens mit „Heringsmilch" zubereitet.

[7]) A. Kossel, Zeitschr. f. physiol. Chem. 22, 176, 1897 und folgende Bände.

[8]) Miescher, Verhdl. d. naturf. Ges. in Basel 4, 1. Heft, 153, 1874. — Ber. d. Deutsch. chem. Ges. 7, 376, 1874.

dargestellten basischen Eiweißkörpern, den Protaminen, die am einfachsten gebauten Proteine kennen lehrte.

Die zuerst im Lachssperma gefundenen Protamine wurden in der Folge in den Testikeln mehrerer Fische nachgewiesen und nach der betreffenden Fischart als Salmin, Clupein, Sturin usw. bezeichnet.

Andere Fische enthalten im Sperma statt der Protamine Verbindungen derselben mit Nucleinsäuren, die Histone, z. B. Dorsch, Karpfen usw.

Da sich diese Histone ihrerseits wiederum sehr leicht mit anderen Eiweißkörpern verbinden, wird die Ansicht Kossels, daß die Proteine einen protaminähnlichen Kern basischer Natur enthalten, an den sich die übrigen Eiweißbausteine angelagert haben, verständlich.

In der Tat sind ja auch in fast allen Proteinen die Spaltungsprodukte jener Protamine, Arginin, Lysin und das von Kossel aus Protamin zuerst gewonnene Histidin, wenigstens das eine oder das andere, nachgewiesen worden.

1. Allgemeine Zusammensetzung des Fischspermas.

Auf seine allgemeine Zusammensetzung als Nahrungsmittel ist das Fischsperma nur wenig untersucht worden. J. König und A. Splittgerber[1]) geben dafür folgende Zusammensetzung an:

Sperma von	In der lufttrocknen Substanz:				In der Trockensubstanz:		
	Wasser %	Stickstoff %	Fett %	Asche %	Stickstoff %	Fett o/o	Asche %
Hering . . .	9,75	13,80	10,60	4,22	15,29	11,74	4,68
Karpfen . .	5,56	12,22	18,18	0,80[1])	12,94	19,25	0,85[2])

Nach Heinr. Gerhartz[3]) ist die Zusammensetzung von reifem und unreifem Lachssperma folgende:

Gegenstand	Gewicht g	Wasser %	Stickstoff %	Mineral-bestandteile %
Unreife Lachshoden . . .	43,2	81,3	2,1	4,0
Reife Lachshoden . . .	269,0	77,9	3,4	2,3

[1]) Bedeutung der Fischerei für die Fleischversorgung i. Deutschen Reich, S. 106.

[2]) Der niedrige Wert stimmt wenig mit den übrigen und ist unwahrscheinlich.

[3]) Handb. d. Biochemie, Jena, 3, I, 353, 1910.

Wir erhielten für das Sperma von Hering und Karpfen folgende Ergebnisse:

Sperma von	Natürliche Substanz:					Trockensubstanz:			
	Wasser	Gesamt-stickstoff	Stickstoff-substanz	Fett	Asche	Gesamt-stickstoff	Stickstoff-substanz [1]	Fett	Asche
	%	%	%	%	%	%	%	%	%
Hering . . .	75,62	4,12	17,75	4,42	2,21	16,88	72,82	18,13	9,06
Karpfen . .	78,47	3,07	16,02	3,17	2,34	14,25	73,96	14,74	11,30

Dem Gebrauche des Fischspermas als Nahrungsmittel scheint die Angabe W. H. Thompsens[2]), daß die Protamine deutlich giftige Wirkungen zeigen, entgegenzustehen. Da aber Heringsmilch tatsächlich ohne Schaden genossen wird, so sind die Protamine entweder nur im freien Zustande als solche giftig und nicht im Sperma, wo sie als gebunden angenommen werden können, oder der menschliche Magen besitzt für gewisse Spermasorten Mittel, jene toxischen Eigenschaften unschädlich zu machen.

2. Bestimmung und Trennung der Stickstoffverbindungen des Fischspermas.

Zur eingehenderen Untersuchung des Fischspermas bedienten wir uns in der Aufarbeitung der Rohstoffe teils des von Kossel zur Gewinnung der Protamine angegebenen Verfahrens[3]), teils änderten wir, da es uns weniger auf die Gewinnung der Protamine als überhaupt auf die Zusammensetzung und die Bestimmung des Nährwertes des Fischspermas ankam, jenes etwas ab. Wir verfuhren bei Heringssperma in folgender Weise:

Die Testikel wurden mittels einer Fleischmühle möglichst zerkleinert, mit Wasser zu einer milchigen Flüssigkeit verrührt und diese durch Kolieren von den gröberen Bestandteilen

---

[1]) Die Stickstoffsubstanz läßt sich hier nicht in der üblichen Weise durch Multiplikation des Stickstoffs mit 6,25 berechnen, sondern muß aus der Differenz 100 — (Wasser + Fett + Asche) angenommen werden, weil die Protamine einen höheren Stickstoffgehalt (25 bis 30%) als die Proteine besitzen.

[2]) Zeitschr. f. physiol. Chem. 29, 1, 1900.

[3]) Zeitschr. f. physiol. Chem. 22, 178, 1896/97.

möglichst befreit. Das milchige Kolat schied dann auf Zusatz von etwas Essigsäure einen flockigen Niederschlag aus, der sich leicht absetzte. Durch häufiges Dekantieren konnte derselbe leicht vollständig ausgewaschen werden.

Die so erhaltene Masse wurde nun mehrmals mit Alkohol ausgezogen, hierauf mit Äther behandelt und schließlich getrocknet. Die trockene „Spermasubstanz" wurde alsdann, um auch die letzten Fettreste zu entfernen, mehrere Tage im Soxhlet-Apparat mit Äther extrahiert.

Die sämtlichen alkoholischen und ätherischen Auszüge wurden abdestilliert, die Fette hierbei abgeschieden, wieder in Äther aufgenommen und der zurückbleibenden wässerigen Flüssigkeit durch Ausschütteln vollständig entzogen. Hierbei zeigte sich, daß die Fette, nur bei Gegenwart von Alkohol, von Äther glatt gelöst wurden, eine Erscheinung, die zweifellos durch die kolloidale Beschaffenheit der Masse, ähnlich wie bei Milch, bedingt ist.

Die gewonnenen Fette wurden hierauf durch einen Kohlendioxydstrom im kochenden Wasserbade von der letzten Spur Feuchtigkeit befreit und in einer Atmosphäre letztgenannten Gases erkalten gelassen und aufbewahrt.

Die wässerigen Auszüge der Spermasubstanz wurden auf dem Wasserbade konzentriert, die sich hierbei abscheidenden geringen Proteinmengen als „Spermaalbumin" mittels Alkohol und Äther von Wasser und Fett befreit.

Das Filtrat von Albumin wurde auf ein Volumen von 500 ccm gebracht und, um Fäulnis zu verhindern, mit einigen Tropfen Chloroform versetzt.

Von 240 Stück[1]) laichreifen Heringen aus dem Kaiser-Wilhelm-Kanal waren 132 Stück Rogener, 108 Milchener; letztere lieferten 1,573 kg Heringssperma; hiervon wurden 239 g für die allgemeine Untersuchung verwendet. Die übrigbleibenden 1,334 kg, wie oben beschrieben, verarbeitet. Sie lieferten 170 g entfettete Spermasubstanz.

Das Sperma von 2 Karpfen im Gewichte von zusammen 6,06 kg betrug 677 g; hiervon wurden für allgemeine Untersuchungen 92 g verwendet, der Rest auf Spermasubstanz, Fett und Extraktivstoffe verarbeitet.

---

[1]) Nach dem Ausnehmen gewogen = 24 kg.

Beim Verreiben des Karpfenspermas mit Wasser wurde das letztere begierig aufgesaugt; es entstand jedoch keine milchige Flüssigkeit, sondern die Masse ballte sich gallertartig zusammen, eine Erscheinung, die ihren Grund wahrscheinlich in der Frische des Materials sowie darin hatte, daß die Fische äußerst laichreif waren (Mitte Juni!). Da also ein Kolieren nicht möglich war, zerkleinerten wir das mit Wasser versetzte Karpfensperma mittels einer Fleischmühle nach Möglichkeit, schwemmten in Wasser auf und versetzten mit Essigsäure, wobei die Quellung zurückging. An Spermasubstanz wurden 53 g, an Albumin 0,91 g erhalten; letzteres enthielt 24,6 $^0/_0$ Stickstoff, war also noch mit anderen Stickstoffverbindungen stark verunreinigt.

Hiernach verteilt sich der Stickstoff im Sperma wie folgt:

Sperma von	In der natürlichen Substanz:				In der Trockensubstanz:			
	Stickstoff in Form von				Stickstoff in Form von			
	Gesamtstickstoff	Spermasubstanz	Albumin	Basen + Aminosäuren	Gesamtstickstoff	Spermasubstanz	Albumin	Basen + Aminosäuren
Hering . . .	4,12	3,49	0,06	0,57	16,88	14,28	0,25	2,37
Karpfen . . .	3,07	1,76	0,04	1,17	14,25	8,12	0,19	5,44

Wie ersichtlich, sind die Albuminmengen sehr gering. An Stickstoff enthielt das Rohalbumin aus Heringssperma 14,24 $^0/_0$, die Spermasubstanz (trocken, aschefrei) 18,43 $^0/_0$, die aus Karpfensperma 16,54 $^0/_0$.

Da nach J. König und A. Splittgerber[1]) das Fischfleisch ebenso wie das warmblütiger Tiere Fleischbasen, u. a. Kreatin, Kreatinin und Xanthinbasen, teilweise in großer Menge enthält, so haben wir auch hierauf im Sperma unsere Aufmerksamkeit gerichtet und zunächst in den von Albumin befreiten auf 500 ccm aufgefüllten Lösungen folgenden Gehalt festgestellt:

Auszug von	Stickstoff	Abdampf-Rückstand	Asche	Organische Trockensubstanz
	g	g	g	g
Heringssperma . .	7,58	56,80	8,40	48,40
Karpfensperma . .	6,85	52,03	8,89	43,14

---

[1]) J. König und A. Splittgerber, Bedeutung der Fischerei für die Fleischversorgung, S. 127.

Je $^2/_5$ der Gesamtmenge fällten wir alsdann nach Baur und Barschall[1]) in schwefelsaurer Lösung mit phosphorwolframsaurem Natrium, ließen, um möglichst vollständige Fällung zu erzielen, mindestens 48 Stunden stehen, nutschten dann ab und wuschen mit $5^0/_0$iger Schwefelsäure nach.

Das Filtrat wurde mit Bariumcarbonat abgestumpft, mit Bariumhydroxyd alkalisiert, und dann durch Einleiten von Kohlendioxyd vom überschüssigen Barium befreit. Um das durch die überschüssige Kohlensäure als Bicarbonat gelöste Barium noch zu entfernen, dampften wir auf dem Dampfbade ein und filtrierten ab, wobei wir das Filtrat auf ein Volumen von 200 ccm brachten. Dieses enthielt neben großen Salzmengen, von den Reagenzien herrührend, die nicht gefällten Aminosäuren[2]).

Den Phosphorwolframsäure-Niederschlag zerlegten wir mit Bariumhydroxyd, entfernten, wie oben, den Überschuß des letzteren mit Kohlendioxyd. In der erhaltenen Lösung schieden wir dann nach Micko[3]) die Purinbasen mit einem Gemisch von Natriumbisulfit und Kupfersulfat ab.

Das Kreatinin wird hierdurch nicht gefällt und bleibt im Filtrat, das durch Schwefelwasserstoff entkupfert und dann zur Trockne verdampft wurde. Der Trockenrückstand wurde mehrmals mit Alkohol von $95^0/_0$ in der Hitze ausgezogen; die alkoholischen Auszüge wurden schwach alkalisch gemacht, vom ausgeschiedenen Alkalisulfat abfiltriert und mit alkoholischer Chlorzinklösung versetzt. Der zuerst entstehende Niederschlag wurde abfiltriert, das Filtrat eingeengt und zum Krystallisieren hingestellt. In der Tat erschienen, wenn auch erst nach Wochen, die charakteristischen Chlorzink-Kreatinin-Krystalle, Nadeln, teilweise zu büschelförmigen Drusen vereinigt (vgl. Tafel I Fig. 1). Beim Heringssperma waren diese am schönsten; beim Karpfensperma zeigten sich mehr knollenförmige Gebilde, jedenfalls durch die geringere Reinheit des Kreatinins bedingt. Einen weiteren Beweis für die Identität der Ausscheidung mit

---

[1]) Arbeiten aus dem Kaiserl. Gesundheitsamte **24**, 552, 1906.

[2]) Außerdem noch geringe Mengen Barium, wahrscheinlich in Bindung mit den Aminosäuren.

[3]) Zeitschr. f. Unters. d. Nahrungs- u. Genußm. **5**, 193, 1902; **6**, 781, 1903.

Kreatininsalz lieferte die bekannte Reaktion von Jaffé[1]) mit alkalischer Pikrinsäure, mit der Kreatinin auch in sehr großer Verdünnung noch eine granatrote Färbung liefert[2]). Auch die Reaktion von Weyl[3]) mit Nitroprussidnatrium trat ein, aber schwach, entsprechend ihrer geringeren Empfindlichkeit.

Die nach Micko durch Natriumbisulfit und Kupfersulfat abgeschiedenen Xanthinbasen wurden, um das Kupfer zu entfernen, in Salzsäure aufgeschwemmt und durch Schwefelwasserstoff unter Druck zerlegt. Nach Entfernung des abgeschiedenen Schwefelkupfers durch Filtration und des gelösten Schwefelwasserstoffs durch Kochen machten wir die Lösung ammoniakalisch und fällten die Basen mit ammoniakalischer Silberlösung im Überschuß.

Da das Xanthinsilber $(C_5H_4N_4O_2 . Ag_2O)$ $56,2\,^0/_0$ Ag und $14,6\,^0/_0$ N enthält, bedienten wir uns desselben anfangs zur Feststellung der Xanthinbasen.

Doch ist zu beachten, daß bei Guanin, Adenin, Hypoxanthin besonders der Stickstoffgehalt höher ist; es enthält nämlich freies Xanthin 36,9, Hypoxanthin 41,2, Guanin 46,4, Adenin 51,9 Prozent Stickstoff. Da es sich indes in der vorliegenden Untersuchung um vergleichende Werte handelt, haben wir die gefundenen Größen auf Xanthin berechnet.

Wir fanden:

Sperma von	Xanthin-silber	Darin Silber[4]):		Darin Stickstoff:	
		gefunden	berechnet	gefunden	berechnet
	g	g	g	g	g
Hering	0,5230	0,3054	0,2939	0,0870	0,0764
Karpfen . . .	0,8795	0,4379	0,4943	0,1797	0,1285

Einen Teil des Xanthinsilbers aus Karpfensperma zerlegten wir, versuchsweise in Wasser aufgeschwemmt, mit Schwefel-

---

[1]) Zeitschr. f. physiol. Chem. **10**, 399, 1886.

[2]) In konzentrierter Lösung gibt auch Pikrinsäure allein mit NaOH Rotfärbung, doch geht diese im Gegensatz zu der mit Kreatinin hervorgerufenen beim Verdünnen mit Wasser wieder in Gelb über. Auch H_2S, $CH_3 . CO . CH_3$ können Täuschung veranlassen, diese Stoffe waren aber in den untersuchten Präparaten nicht vorhanden.

[3]) Ber. d. Deutsch. chem. Ges. **11**, 2175, 1878.

[4]) Zur Silberbestimmung wurde die Substanz mit Schwefelsäure verbrannt, nach dem Erkalten mit Wasser verdünnt und mit Salzsäure das Silber ausgefällt.

wasserstoff in Schwefelsilber und freie Xanthinbasen; das abgeschiedene Silber betrug von 0,2760 g lufttrocknen freien
Basen 0,3463 g (berechnet 0,3414). In den freien Basen betrug der Stickstoff-Gehalt 40,7 $^0/_0$; qualitativ gaben die Basen,
mit Salpetersäure eingedampft und mit Natronlauge betupft,
charakteristische Rotfärbung. Alle diese Befunde lassen keinen
Zweifel an der Identität der abgeschiedenen Stoffe mit den
bekannten Purinbasen.

Auf Grund vorstehender Ergebnisse verteilt sich also der
Basenstickstoff in den Extrakten von Herings- und Karpfensperma etwa folgendermaßen:

Es enthielt:

Sperma von	Wasser $^0/_0$	Gesamt-stickstoff $^0/_0$	Extrakt-stickstoff $^0/_0$	Als Basen-stickstoff gefällt $^0/_0$
Hering	75,62	4,12	0,57	0,35
Karpfen . . .	78,47	3,07	1,17	0,66

Die Hauptmenge des nicht durch Phosphorwolframsäure
gefällten Stickstoffs besteht der Hauptsache nach aus Aminosäuren.

Zwar gelang es nicht, in dem bekannten Apparate von
C. Böhmer[1]) mit Natriumnitrit und verdünnter Schwefelsäure
nennenswerte Mengen Stickstoff in Freiheit zu setzen.

Auch das Verfahren von Neuberg und Kerb[2]), die Aminosäuren mit Mercuriacetat und Soda unter Zusatz von Alkohol
auszufällen, erwies sich im vorliegenden Falle bei den großen
vorhandenen Salzmengen, wegen der schlechten Filtrierbarkeit
des Niederschlages, die wahrscheinlich durch Verbindungen des
Quecksilbers mit Begleitstoffen der Aminosäuren unbekannter
Art verursacht war, als nicht zweckmäßig; zudem hätte bei
den vorhandenen großen Salzmengen das Auswaschen des
Niederschlages viel Zeit in Anspruch genommen. Bei einer
Probe indes führten wir das Verfahren mit Erfolg durch und
konnten nach Abscheidung des Quecksilbers durch wiederholte
Krystallisation Krystalle erhalten, die mit denen des Leu-
cins und Tyrosins große Ähnlichkeit besaßen.

---

[1]) Von J. König zweckmäßig geändert.
[2]) Zeitschr. für physiol. Chem. **40**, 498, 1912.

Bequemer erwies sich das von E. Fischer angegebene und auch von Baur und Barschall[1]) bei der Untersuchung des Fleischextraktes auf Aminosäuren angewendete Verfahren der Ausschüttelung der zu untersuchenden Lösung mit einer ätherischen Lösung von β-Naphthalinsulfochlorid während 18 Stunden; hierbei verbindet sich die Sulfogruppe mit der Aminogruppe nach folgendem Schema:

$$S.NH_2 + C_{10}H_7.SO_2.Cl = S.NH.SO_2.C_{10}H_7 + HCl, \quad z. B.:$$
Amino-   Naphthalinsulfo-
säure   chlorid

$$CH_2.NH_2.COONa + C_{10}H_7.SO_2.Cl + NaOH$$
Glykokoll-Na

$$= CH_2.NH.SO_2.C_{10}H_7.COONa + NaCl + H_2O.$$

Wegen der entstehenden Salzsäure sollen die Lösungen schwach alkalisch reagieren, jedoch nicht so stark, daß durch Nebenreaktionen das Reagens verbraucht wird. Diese Naphthalinsulfo-Verbindungen der Aminosäuren sind in schwachen Säuren schwer löslich, die Na-Salze geben daher beim Ansäuern eine Fällung, und zwar von öliger Beschaffenheit, die allmählich fest und krystallinisch wird; ein geringer Teil bleibt jedoch in Lösung, nämlich in 100 ccm 0,002 g N[2]), die man als Korrektur in Anrechnung bringen kann. Den Niederschlag kann man zur N-Bestimmung nach Kjeldahl verbrennen. Wir erhielten nach dieser Methode höhere Werte als mit salpetriger Säure, doch wurde nicht aller Stickstoff umgesetzt.

Die besten Ergebnisse erzielten wir nach der Formolmethode von S. P. L. Sörensen[3]), deren sich die Ärzte bereits allgemein zur Bestimmung des Aminosäurenstickstoffs z. B. im Harn bedienen. Das Verfahren beruht darauf, daß die basische Aminogruppe in den Aminosäuren durch Formaldehyd eine solche Änderung erfährt, daß die vorher fast neutrale Aminosäure deutlich sauer wird. Die Reaktion verläuft z. B. für Glykokoll in folgender Weise:

$$CH_2(NH_2)COOH + CH_2O = CH_2(N:CH_2)COOH + H_2O.$$
neutral   sauer

Das Verfahren ist daher zunächst nur anwendbar für neutrale Aminoverbindungen. Viele Aminosäuren reagieren

<hr>

[1]) Arbeiten aus dem Kaiserl. Gesundheitsamte 24, 552, 1906.

[2]) Nach Baur und Barschall, l. c.

[3]) Diese Zeitschr. 7, 45, 1908.

aber nicht ganz neutral, sondern z. B. gegen Phenolphthalein sauer.

Andererseits sind Formolverbindungen als ziemlich schwache Säuren in wässeriger Lösung stark ionisiert, so daß man mit Phenolphthalein weiter als bis zur beginnenden Rötung zu titrieren hat. Ferner verhalten sich Ammoniumsalze, deren Ammoniak durch Formol in Hexamethylentetramin verwandelt wird, analog den Aminosäuren. Schließlich wirken bei der Titration schwache anorganische Säuren, wie Kohlensäure, Phosphorsäure störend.

Alle diese Störungen kann man aber ausschalten, wenn man etwa in folgender Weise verfährt:

50 ccm der zu untersuchenden Flüssigkeit[1]) werden in einem Kolben von 100 ccm mit 1 ccm $0,5\,^0/_0$ iger Phenolphthaleinlösung und 10 ccm $20\,^0/_0$ iger Bariumchloridlösung versetzt. Hierauf wird gesättigte Barytlauge bis zur Rotfärbung und dann noch ein Überschuß von etwa 5 ccm zugefügt. Nach dem Auffüllen auf 100 läßt man alsdann 15 Minuten stehen und filtriert durch ein trockenes Filter.

50 ccm des rotgefärbten Filtrates neutralisiert man genau gegen Lackmuspapier (bis zur violetten Farbe)[2]). Diese dienen zur Formoltitration.

Erforderliche Lösungen:

1. $^n/_5$-Baryt- oder Natronlauge (carbonatfrei);
2. $^n/_5$-Salzsäure;
3. 0,5 g Phenolphthalein in 100 ccm verd. Alkohol ($50\,^0/_0$);
4. 30 bis $40\,^0/_0$ ige Formollösung bis zu schwacher Rosafärbung mit Phenolphthalein neutralisiert;
5. Vergleichslösung: 50 ccm ausgekochtes Wasser werden mit 20 ccm Formol und 5 ccm $^n/_5$-Natronlauge sowie 1 oder 2 ccm Phenolphthaleinlösung versetzt und mit $^n/_5$-Salzsäure schwach rosa titriert; dann werden noch

---

[1]) Ist diese stark konzentriert, so nimmt man entsprechend weniger, und umgekehrt.

[2]) Der Farbenumschlag bei Lackmus ist nicht sehr scharf, ein Umstand, der eine gewisse Ungenauigkeit des Verfahrens bedingt; doch zeigten für die vorliegenden Zwecke die Resultate hinreichende Übereinstimmung.

3 Tropfen Barytlauge zugegeben, so daß starke Rotfärbung eintritt.

Titration der Aminosäurenlösung:

50 ccm obiger Aminosäurenlösung werden, nachdem man
20 ccm Formol zugefügt hat, bis zur Farbstärke der Vergleichslösung titriert; dann werden noch einige Kubikzentimeter Lauge
zugegeben und wieder so viel $n/_5$-Salzsäure, daß die Farbe
schwächer als die Vergleichslösung erscheint. Schließlich wird
abermals $n/_5$-Lauge zugefügt, bis die Farbe wieder erreicht ist.
Der Formolstickstoff berechnet sich aus der Gleichung:

$$N = (n/_5\text{-NaOH} - n/_5\text{-HCl}) \times 2{,}8 \text{ mg.}$$

Man kann die Titration zur Kontrolle mit etwa 25 oder
30 ccm des Restes des, wie oben beschrieben, gewonnenen Filtrates wiederholen, hat dann aber auch die Vergleichslösung
auf dieses Volumen einzustellen[1]).

Ist Ammoniak vorhanden, so muß dieses nach einer der
bekannten Methoden für sich bestimmt und dessen Stickstoff
vom Aminosäurenstickstoff in Abrechnung gebracht werden.

Oder man versetzt in einem 100-ccm-Kölbchen 50 ccm der
Flüssigkeit mit Bariumchlorid und Bariumhydroxyd, füllt auf
100 ccm auf, entnimmt 80 ccm (= 40 ccm ursprünglicher Lösung) und treibt das Ammoniak im Vakuum aus, den Rückstand im Kolben bringt man mit etwas Salzsäure in Lösung,
leitet unter Evakuierung kohlensäurefreie Luft durch, neutralisiert genau mit kohlensäurefreier Natronlauge unter Benutzung von empfindlichem Lackmuspapier bis zur schwach-
roten Farbe und zuletzt mit $n/_5$-Salzsäure bis zur neutralen
Reaktion. In der ammoniakfreien Lösung werden die Aminosäuren wie vorstehend bestimmt.

Nach diesem Formolverfahren fanden wir in den nicht
gefällten Aminosäuren von Karpfensperma[2]) 0,515 g Formol-

---

[1]) Eine bessere Kontrolle gewährt jedoch eine Wiederholung der
ganzen Operation (Neutralisation gegen Lackmus, Ausfällen mit Baryt usw.) mit weiteren 50 ccm der ursprünglich zu untersuchenden Flüssigkeit.

[2]) Die Aminosäurenlösung vom Heringssperma war in den Versuchen nach den vorhergehenden Verfahren aufgebraucht worden.

stickstoff, während die Kjeldahl-Stickstoffbestimmung 0,519 g ergeben hatte.

Zusammenstellung der Ergebnisse bei der Bestimmung des Aminosäurenstickstoffs:

Sperma von	Stickstoff in Basen + Aminosäuren %	Nicht gefällt %	Bestimmt als Aminosäuren-Stickstoff:	
			mit $C_{10}H_7SO_2Cl$ %	mit Formol %
Hering	0,567	0,221	0,023	—
Karpfen	1,179	0,519	0,052	0,515

In Prozenten des in Form von Basen und Aminosäuren enthaltenen Stickstoffs wurden also gefunden:

Sperma von	Mit Phosphorwolframsäure gefällt:			Nicht gefällt:		
	Insgesamt %	Xanthinbasen %	Sonstige Basen %	Insgesamt %	mit $C_{10}H_7SO_2Cl$ %	mit Formol %
Hering . . .	62,3	1,74	60,6	31,7	4,10	—
Karpfen . .	55,6	2,29	53,3	44,4	4,45	43,8

Die auf oben beschriebene Weise dargestellte Spermasubstanz hatte folgende allgemeine Zusammensetzung:

Spermasubstanz von	Wasser %	Asche %	In der aschefreien Trockensubstanz:			
			Protein %	Stickstoff %	Phosphor [1] %	Schwefel [1] %
Hering . . .	10,57	3,43	86,00	18,43	4,46	0,53
Karpfen . .	2,52	2,81	84,67	16,54	3,74	0,20

Auffällig in den angegebenen Werten sind die hohen Zahlen für Phosphor.

---

[1]) Die Bestimmung von Phosphor und Schwefel geschah durch Schmelzen der Substanz mit Alkalihydroxyd im Nickeltiegel unter allmählicher Zugabe von Salpeter, bis die Gasentwicklung aufhörte. Um den Schwefelgehalt des Leuchtgases auszuschalten, nahmen wir die Schmelze über einer Spiritusflamme vor.

Der Schmelzkuchen ließ sich in den meisten Fällen leicht aus dem Tiegel entfernen; er wurde angesäuert und die Schwefelsäure als Bariumsulfat bestimmt, während der Phosphor nach der bekannten Molybdänmethode bestimmt wurde.

Um die Protamine zu gewinnen, unterwarfen wir die Spermasubstanz 3 mal je einer $^1/_4$ stündigen Ausschüttelung mit $1\,^0/_0$ iger Schwefelsäure, fällten das Protamin mit der 3 fachen Menge Alkohol und reinigten es durch mehrmaliges Auflösen und Fällen, sowie durch Überführen in die Pikrinsäureverbindung.

Die erhaltene Menge war nur gering. Immerhin untersuchten wir diese auf Stickstoff und Schwefelsäure. Außerdem stellten wir den Stickstoffgehalt der extrahierten, wasser- und säurefreien Substanz fest:

Spermasubstanz von	Angewendete Menge	Darin Stickstoff (in org. Trockensubstanz)	Nach der Extraktion:			
			Stickstoff im Rückstande (H_2O-, Asche-, u. H_2SO_4-frei)	Extrahierte Substanz	darin Stickstoff	darin H_2SO_4
	g	$^0/_0$	$^0/_0$	g	$^0/_0$	$^0/_0$
Hering . . .	50	18,43	18,34	0,3040	21,40	19,6
Karpfen . .	25	16,54	17,28	0,6600	13,61	24,7

Der größte Teil des Protamins war also jedenfalls der Extraktion entgangen; außerdem ist beim Karpfensperma, wahrscheinlich neben dem Histon[1]), ein Stoff extrahiert worden, der sich durch geringen Stickstoffgehalt unterscheidet. Hierfür sprach auch die eigenartig ölig-schleimige Beschaffenheit des Körpers.

Die auf diese Weise extrahierte Spermasubstanz hydrolysierten wir mit der 9 fachen Gewichtsmenge $33\,^0/_0$ iger Schwefelsäure durch 14 stündiges Kochen am Rückflußkühler[2]), nachdem zuvor die Substanz durch Erwärmen auf dem Wasserbade in Lösung gebracht war.

In der gewonnenen Lösung wurde der größte Teil der Schwefelsäure durch Erwärmen mit Bariumcarbonat abgestumpft und das Filtrat auf $^1/_2$ l aufgefüllt.

Von dieser Menge fällten wir je 200 ccm mit Phosphorwolframsäure aus, entfernten das Fällungsmittel, wie bei der Fällung der wässerigen Extrakte und bestimmten die gefällten und nicht gefällten Stickstoffmengen.

---

[1]) Karpfensperma enthält statt des Protamins ein Histon, wie bereits oben gesagt.

[2]) Nach Kossel, Zeitschr. f. physiol. Chem. **31**, 168, 1900/01.

Außerdem wurden in der ursprünglichen Lösung Ammoniak-bestimmungen ausgeführt.

Übersicht.

Sperma-substanz von	In der Hydrolysenflüssigkeit waren					
	Gesamt-stickstoff	nicht gefällt	gefällt	davon Am-moniak	Diamino-verbin-dungen + Purin-basen	Sonstiges (Humin-stickstoff usw.)
Hering .	1,056	0,367	0,689	0,047	0,317	0,325
Karpfen .	0,729	0,288	0,441	0,067	0,371	0,154

Die Ammoniakbestimmung wurde durch Destillation mit Magnesia vorgenommen.

In der Lösung der durch Phosphorwolframsäure gefällten Stoffe wurden wie oben S. 22 ff. die Xanthinbasen bestimmt.

Die Resultate der Xanthinbestimmungen waren folgende:

Spermasubstanz von	Angewendete Menge g	Darin Xanthinstoffe g	Darin Stickstoff[1]	
			gefunden	berechnet
Hering	8,0	0,1355	0,0473	0,0500
Karpfen . . .	6,0	0,2480	0,0921	0,0915

Die Reaktion mit Salpetersäure-Natronlauge für Xanthine fiel ebenfalls deutlich positiv aus.

Hiernach kann es keinem Zweifel unterliegen, wie auch anderweitige eingehendere Untersuchungen dargetan haben[2]), daß die Spermasubstanz echte Nucleine enthält, wofür auch der hohe Phosphorgehalt S. 28 spricht.

Im Filtrat von Xanthinkupfer stellten wir, um ein Maß für die Menge der Diaminoverbindungen zu erhalten, den Ge-samtstickstoff fest und erhielten jene oben mitgeteilten Werte.

In einem Teil der Hydrolysenflüssigkeit von Karpfen-Spermasubstanz (entsprechend 2 g) schieden wir außerdem die Hexonbasen mit Phosphorwolframsäure ab und isolierten das

---

[1]) Die Werte für Silber fielen in diesem Falle zu niedrig aus; der Grund ließ sich wegen zu gering erhaltener Mengen Xanthinsilber nicht aufklären.

[2]) Untersuchungen Kossels über Nucleine, Zeitschr. f. physiol. Chem. 3, 284, 1899 und folgende Bände.

Histidin, charakterisiert durch seine Fällbarkeit mit ammoniakalischer Silberlösung, ein Niederschlag, der im Überschuß des Ammoniaks aber wieder löslich ist, sowie durch seine Farbstoffbildung mit Diazobenzolsulfosäure, das Arginin, durch die Krystallform seines Nitrates gekennzeichnet. Die Gewinnung von Lysin gelang wegen der angewendeten geringen Substanzmenge nicht in dem Maße, daß die Base einwandfrei nachgewiesen werden konnte. Immerhin zeigten gewonnene Krystalle der Pikrinsäureverbindung Ähnlichkeit mit den erwarteten.

Auf Aminosäuren untersuchten wir auch hier mit salpetriger Säure, β-Naphthalinsulfochlorid und nach der Formolmethode. Letztere lieferte die besten Ergebnisse. Wir wendeten diese Methode sowohl auf die gesamte Hydrolysenflüssigkeit als auch auf den mit Phosphorwolframsäure nicht gefällten Teil an:

Hydrolysenflüssigkeit von	Stickstoff nach Kjehldahl in 200 ccm	Formolstickstoff	Durch Formol nicht titrierbar
Heringsspermasubstanz . .	1,057	0,475	0,582
Karpfenspermasubstanz . .	0,729	0,454	0,275
Desgl. nach Entfernung der Basen mit Phosphorwolframsäure:			
Aminosäuren von Hering .	0,367	0,376	(— 0,009)
„ „ Karpfen .	0,288	0,246	0,042

Über die prozentuale Stickstoffverteilung nach der Hydrolyse gibt nachstehende Zusammenstellung Auskunft:

In Prozenten des Stickstoffs wurden mit Phosphorwolframsäure						
	gefällt:			nicht gefällt:		
Spermasubstanz von	Gesamt %	Xanthinbasen %	Ammoniak %	Gesamt %	Formol %	$C_{10}H_7SO_2Cl$ %
Hering .	65,27	4,49	4,43	34,73	(35,6)	5,70
Karpfen .	60,48	12,63	9,18	39,52	33,7	8,12

3. Untersuchung des Fischspermafettes.

Die bei der Behandlung der Proteine aus Fischsperma mit Alkohol und Äther gewonnenen Fette bildeten nach dem Trocknen im Kohlendioxydstrome eine zähe, dunkelbraune Masse. Beim Erwärmen wurde dieses jedoch dünnflüssig und ließ sich im Dampftrockenschrank bei 98° durch ein trockenes Filter filtrieren. Das durchaus homogene Filtrat, nach dem Erkalten wieder von zäher Beschaffenheit, diente zur Bestimmung der Jodzahl, Verseifungszahl, des Lecithins und des Cholesterins.

Da es sich nicht vermeiden ließ, die Fette bei ihrer Gewinnung längere Zeit mit der Luft in Berührung zu lassen, dürfte zwar die Jodzahl und Verseifungszahl eine gewisse Veränderung erlitten haben, aber der Lecithinphosphor- und Cholesteringehalt im wesentlichen unverändert geblieben sein[1]).

Zur Bestimmung der Jodzahl bedienten wir uns des Verfahrens von Wijs[2]).

Die Verseifungszahl stellten wir in üblicher Weise fest; doch zeigte sich, daß bei Benutzung von Phenolphthalein als Indicator der Farbumschlag deutlicher erkennbar wurde, wenn die Seifenlösung vor der Titration mit Alkohol verdünnt worden war.

Auf diese Weise wurden folgende Jodzahlen und Verseifungszahlen gefunden:

Spermafett von	Substanzmenge g	Verbrauchte MengeJod g	Jodzahl	Substanzmenge g	KOH mg	Verseifungszahl
Hering .	0,2270	0,2927	**129**	0,9025	188,4	**209**
Karpfen.	0,2070	0,2170	**105**	0,8355	152,4	**182**

Die hohe Jodzahl weist auf einen hohen Prozentgehalt des Spermafettes an ungesättigten Verbindungen (Ölsäuren, Cholesterin usw.) hin.

Zum Nachweis des Lecithins beschränkten wir uns, da andere ätherlösliche Phosphorverbindungen als Lecithin nicht

---

[1]) Das Lecithin gilt als leicht zersetzlich, doch ist dieses für den vorliegenden Fall belanglos, da ja sowohl die phosphorhaltigen (Lecithinphosphorsäure, Phosphorsäure) wie die stickstoffhaltigen (Cholin, Trimethylamin) Zersetzungsprodukte, als Lecithin-P bzw. als Lecithin-N mitbestimmt wurden. Von größerer Bedeutung ist die Zersetzlichkeit des Lecithins, wenn es darauf ankommt, dasselbe rein zu isolieren oder aus nicht fettartigen Stoffen abzuscheiden.

[1]) Vgl. J. König, Die Untersuchung landwirtschaftlich und gewerblich wichtiger Stoffe, Berlin 1906, S. 532.

bekannt sind, auf die Bestimmung des Phosphorgehaltes des Fettes, führten jedoch, um eine gewisse Kontrolle zu besitzen, gleichzeitig in einem kleineren Teile eine Stickstoffbestimmung nach Kjeldahl aus.

Bei der Phosphorbestimmung erwies sich folgendes Verfahren als vorteilhaft:

Eine gewogene Menge Substanz (0,5 bis 1 g) wurde in einem Nickeltiegel mit einigen Stückchen von reinem Kaliumhydroxyd (3 bis 5 g) versetzt, mit verdünntem Alkohol zuerst auf dem Wasserbade, hierauf im Trockenschrank eingedampft. Hierbei tritt einerseits vollständige Verseifung des Fettes ein, während andererseits die Vermischung der Seife mit dem überschüssigen Alkali eine so vollständige wird, daß Phosphorverluste bei der Verbrennung nicht zu befürchten sind.

Die Veraschung geschieht über möglichst kleiner Flamme unter allmählichem Zusatz geringer Mengen Natriumnitrat oder Natriumnitrit, schließlich wird bis zur Rotglut erhitzt, bis keine Gasentwicklung mehr erfolgt.

Durch Einstellen des noch heißen Tiegels in kaltes Wasser wird eine rasche Abkühlung und gleichzeitig eine Loslösung des Schmelzkuchens bewirkt.

Man löst diesen in einem bedeckten Becherglase vorsichtig in verdünnter Salpetersäure auf, spült den Tiegel mit heißem Wasser aus und gibt letzteres zu der Hauptmasse. In der salpetersauren Lösung wird alsdann die Phosphorsäure nach dem Molybdänverfahren bestimmt.

Auf vorstehende Weise wurden folgende Werte erhalten:

Sperma-fett von	Angew. Menge g	Phosphor-säure %	Lecithin [1] %	Stickstoffbestimmung:		
				Angew. Menge g	Stickstoff gefunden %	berechnet %
Hering .	0,8175	1,83	20,7	0,3630	0,42	0,35
Karpfen .	0,5700	1,79	20,2	0,3160	0,23	0,33

Um den unverseifbaren Anteil der Fette zu bestimmen, wurden einige Gramm mit alkoholischer Kalilauge bis zur klaren Lösung verseift, die Seife mit Wasser verdünnt und nach dem Erkalten im Schütteltrichter mit Äther dreimal aus-

---

[1] Als Dioleinlecithin $C_{44}H_{86}NPO_9$ berechnet.

geschüttelt. Die ätherische Lösung wurde alsdann abdestilliert, der Rückstand wieder mit etwas Kalilauge gekocht und nochmals mit Äther behandelt. Diese ätherischen Lösungen hinterließen nach dem Abdestillieren einen krystallinischen Rückstand, „das Unverseifbare".

Nach Wägung wurde dieser Teil 6 mal aus Alkohol umkrystallisiert und durch Beobachtung der Krystallform sowie Bestimmung des Schmelzpunktes als Cholesterin charakterisiert.

Es ergaben sich die Werte:

Spermafett von	Angewendete Menge	Unverseifbares		Schmelzp. des
	g	g	%	Cholesterins
Hering	5,73	1,039	17,9	149,6° (korr.)
Karpfen	4,04	0,453	11,2	149,9° („)

Das Fischsperma enthält hiernach Fleischbasen (Xanthine, Kreatinin) und freie Aminosäuren sowie mit Nucleinstoffen verbundene Protamine. Das Fett aus Fischsperma besteht zum großen Teil aus Lecithin (20,2 bis 20,7 %) und Cholesterin (11,2 bis 17,9 %).

III. Untersuchung von Rogen und Kaviar.

1. Allgemeine Zusammensetzung.

Die allgemeine Zusammensetzung des Fischrogens ist bereits mehrfach chemisch festgestellt worden.

So geben J. König und A. Splittgerber[1]) die allgemeine Zusammensetzung von Heringsrogen[2]) wie folgt an:

Zustand	Wasser	Stickstoff	Stickstoff-Substanz	Fett	Asche
	%	%	%	%	%
Lufttrocken . .	10,26	12,11	75,69	3,61	3,44
Wasserfrei . .	—	13,49	84,53	4,02	3,83

Enrico Rimini[3]) erhielt bei seinen Untersuchungen über einige See-Fischrogen folgende Werte:

---

[1]) Die Bedeutung der Fischerei für die Fleischversorgung S. 77.
[2]) Von Heringen aus dem Nordostseekanal.
[3]) Staz. sperim. Ital. **36**, 249 bis 278, 1903.

Bestandteile	Meeräsche-Rogen [1] $^0/_0$	Thunfisch-Rogen [1] $^0/_0$	Kabeljau-Rogen $^0/_0$
Wasser	16,506	34,719	70,360
Fett	28,045	17,970	1,814
Extraktstoffe	9,227	5,779	2,363
Mineralstoffe	4,818	13,670	2,056
Kochsalz	1,208	11,089	0,120
Gesamt-Stickstoff	7,278	5,162	4,008
Protein-Stickstoff	6,603	4,534	3,837
Protein-Stickstoff $\times$ 6,25 . .	41,269	28,340	23,983
Säure = Ölsäure	3,944	6,950	1,165

Nach P. Buttenberg[2] hatte Störrogen folgende allgemeine Zusammensetzung:

Bestandteile	Frischer Störrogen mit Häuten a	Frischer Störrogen mit Häuten b
Wasser	62,82 $^0/_0$	61,84 $^0/_0$
Asche	1,74 $^0/_0$	1,69 $^0/_0$
Stickstoffsubstanz	23,19 $^0/_0$	22,37 $^0/_0$
Fett	9,24 $^0/_0$	10,61 $^0/_0$
Kochsalz	0	0
Phosphorsäure	—	0,663 $^0/_0$
Trockensubstanz { Fett	24,85 $^0/_0$	27,80 $^0/_0$
Stickstoffsubstanz .	62,37 $^0/_0$	58,62 $^0/_0$
Asche	4,68 $^0/_0$	4,43 $^0/_0$
Phosphorsäure . .	—	1,737 $^0/_0$

Aussehen, Geruch, Geschmack: schwarzgrau; Körner etwa 2 mm, in Häuten eingeschlossen; Geruch eigentümlich; Geschmack fade, eigentümlich fischartig mit kratzendem Nachgeschmack.

Für eine Probe Dorschrogen fand E. Solberg[3]:

Wasser $^0/_0$	Stickstoffsubstanz $^0/_0$	Verdaul. Protein $^0/_0$	Amidsubstanz $^0/_0$	Fett $^0/_0$	Asche $^0/_0$
66,03	29,92	20,58	4,67	2,26	2,16

[1] Zweifellos vorgetrocknet, wie aus dem niedrigen Wassergehalt hervorgeht.

[2] 4. Bericht des hygien. Instituts Hamburg 1900 bis 1902, S. 13 bis 15.

[3] Bericht der Norw. Landwirtschaftl. Versuchsstation Trondheim für 1906, Kristiania 1907, vgl. Zeitschr. f. Unters. von Nahrungs- u. Genußmitteln 16, 364, 1908.

3*

Auch der am meisten geschätzte Fischrogen, der **Kaviar** ist schon mehrfach auf seine allgemeine Zusammensetzung untersucht. J. König und A. Splittgerber[1] z. B. geben hierfür an:

In natürlichem Zustand:

Kaviar	Wasser $^0/_0$	Stickstoff-substanz $^0/_0$	Fett $^0/_0$	Stickstoff-freie Ex-traktstoffe $^0/_0$	Asche $^0/_0$	Chlor-natrium $^0/_0$
Körniger	47,86	29,34	13,98	1,30	7,42	6,18
Gepreßter	37,79	38,01	15,52	1,08	7,60	6,22

In der Trockensubstanz:

Kaviar	Stickstoffsubstanz $^0/_0$	Fett $^0/_0$	Stickstoff $^0/_0$
Körniger	56,38	26,86	9,02
Gepreßter	61,09	24,95	9,77

Enrico Rimini[2] untersuchte verschiedene **Kaviarsorten** und erhielt folgende Werte:

Bestandteile	Roter Kaviar $^0/_0$	Italie-nischer Kaviar $^0/_0$	Deutscher Kaviar $^0/_0$	Russisch. Kaviar $^0/_0$	Russisch. gepreßter Kaviar $^0/_0$
Wasser	45,371	41,633	44,253	43,281	35,424
Fett	18,753	16,433	14,667	16,557	16,453
Extraktivstoffe . . .	4,739	3,785	3,789	4,134	5,278
Mineralstoffe	3,551	11,925	10,820	8,859	8,577
Chlornatrium . . .	1,337	9,529	8,716	6,706	6,110
Gesamt-Stickstoff . .	4,425	4,510	4,485	4,645	5,589
Protein-Stickstoff . .	4,315	4,297	4,260	4,352	5,518
„ „ $\times$ 6,25	26,966	26,450	26,628	27,197	34,490
Säure = Ölsäure . .	0,631	2,879	4,230	3,132	4,685

Durch seine Untersuchungen über **Stör- und Dorschkaviar** gelangte P. Buttenberg[3] zu folgendem Ergebnis:

---

[1] Die Bedeutung der Fischerei f. d. Fleischversorgung S. 77.

[2] Staz. sperim. Ital. **36**, 249 bis 278, 1903.

[3] 4. Bericht des hygienischen Institutes Hamburg 1900/02, S. 13 bis 15. Vgl. Zeitschr. f. Untersuch. von Nahrungs- und Genußmitteln **7**, 233, 1904.

Nr.	Sorte	Aussehen, Geruch, Geschmack	Wasser %	Asche %	Stickstoff-substanz %	Fett %	Kochsalz %	Phosphor-säure %
1	Kaviar, gesalzen	Grünlich, schwarzgrau, Körner etwa 2,5 mm Durchmesser, etwas geschrumpft, zäh, zusammenhängend, Geruch milde.	43,99	9,61	29,62	7,70	7,12	0,318
2	Kaviar, gesalzen	Grünlich, schwarzgrau, Körner etwa 2,5 mm Durchmesser, voll und rund, nur wenig geschrumpft, Geruch milde.	47,25	9,98	27,31	7,59	7,55	0,624
3	Frischer Elbkaviar, gesalzen	Grünlich, schwarzgrau, Körner 2,5 mm Durchmesser, voll und rund, Geruch milde.	50,27	10,09	23,19	11,39	8,05	0,631
4	Dorsch-kaviar	Breiartige, schwach orangerötliche Masse, Körner etwa $1/_2$ mm Durchmesser; Geschmack stark salzig, ähnlich wie Heringsrogen.	66,28	20,14	10,62	1,27	19,05	0,196
5	Dorsch-kaviar (ver-fälscht)	Schmierige, schwarzgraue Masse mit etwas heller erscheinenden Fischeiern $1/_4$ bis $1/_2$ mm Durchmesser, Geruch und Geschmack an Heringslake erinnernd.	66,34	7,60	18,57	5,49	4,14	1,22

In kochsalzfreier Trockensubstanz:

Nr.	Sorte	Fett %	Stickstoff-substanz %	Kochsalz-freie Asche %	Phosphor-säure %
1	Kaviar, gesalzen	15,75	60,58	5,09	0,650
2	Kaviar, gesalzen	16,79	60,42	5,37	1,380
3	Frischer Elbkaviar, gesalzen	27,33	55,63	4,89	1,514
4	Dorschkaviar	8,66	72,39	7,43	1,336
5	Dorschkaviar (verfälscht) .	18,59	62,90	11,72	4,130

Nr. 1, 2, 3 Geschmack pikant. Nr. 5 enthielt Borsäure, Nr. 2 Spuren Borsäure; in Nr. 1, 3, 4 war Borsäure nicht nachweisbar, ebenso in allen Proben keine Salicylsäure.

K. Farnstein, K. Lendrich, P. Buttenberg, A. Kickton und M. Klassert[1]) teilen über eine Probe Elbkaviar folgendes mit:

Aussehen grünlich-schwarz, etwas schmierige, etwa 2,5 mm

---

[1]) 5. Bericht der Nahrungsmittelkontrolle Hamburg 1903/04, S. 39. Vgl. Zeitschr. f. Unters. von Nahrungs- und Genußmitteln 1906, 742.

große Körner; Geruch milde; Geschmack pikant; Wasser $49{,}26\,^0/_0$, Asche $7{,}66\,^0/_0$, Stickstoff-Substanz $23{,}25\,^0/_0$, Fett $12{,}53\,^0/_0$, Chlornatrium $5{,}54\,^0/_0$, Phosphorsäure $1{,}07\,^0/_0$. Borsäure war nicht nachweisbar; in der kochsalzfreien Trockensubstanz: Fett $27{,}72\,^0/_0$, Stickstoff-Substanz $51{,}44\,^0/_0$, Asche $4{,}70\,^0/_0$, Phosphorsäure $2{,}73\,^0/_0$.

Diese Untersuchungen geben wenig Einblick in die eigenartigen Bestandteile des Fischrogens bzw. Kaviars. Um hierüber Aufklärung zu erhalten, haben wir folgendes Verfahren angewendet:

Eine nicht zu kleine Menge Rogen (10 bis 20 g) wird mit oder ohne Zusatz von Seesand so lange zerrieben, bis keine ganzen Eier mehr vorhanden sind, dann wird koliert, mit Wasser nachgewaschen, bis dieses klar abläuft, und die auf dem Koliertuch bleibenden Teilchen möglichst quantitativ auf ein schwedisches Filter gespült und nach Abtropfen der Flüssigkeit mitsamt dem Filter nach Kjeldahl verbrannt; der Stickstoff gibt, mit dem üblichen Faktor 6,25 multipliziert, die Menge der Eischalen.

Das Kolat wird mit vielem Wasser und zur Konservierung mit etwas Chloroform versetzt und so lange stehen gelassen, bis das Ichthulin sich klar abgesetzt hat; dann wird die über dem abgeschiedenen Ichthulin stehende Flüssigkeit wiederholt abgehebert, schließlich das Ichthulin abfiltriert, in Schwefelsäure gelöst und ebenfalls nach Kjeldahl verbrannt[1]).

Die abgeheberte ev. filtrierte Flüssigkeit scheidet beim Kochen das Albumin in Flocken ab. Nach dem Abfiltrieren und Auswaschen wird sein Stickstoff wie bei den anderen Proteinen bestimmt.

Das die Basen und Aminosäuren enthaltende Filtrat wird gleichfalls zur Kontrolle nach dem Eindampfen in konz. Schwefelsäure gelöst und nach Kjeldahl verbrannt.

---

[1]) Wegen der meist bedeutenden Menge empfiehlt es sich, das Ichthulin mit 50 bis 100 ccm zu lösen und von dieser Lösung einen aliquoten Teil zur vollständigen Verbrennung zu verwenden. Da die auf diese Weise gewonnenen Proteine Lecithin enthalten, wird dessen Stickstoff nach vorstehendem Verfahren gleichzeitig mit bestimmt. Bei genauen Untersuchungen empfiehlt es sich daher, die noch feuchten Proteine mit Alkohol und Äther bis zur Erschöpfung zu extrahieren und den Rückstand sowie Extrakt für sich zu verbrennen, wobei der Stickstoff des Rückstandes, mit 6,25 multipliziert, einen Wert für das betreffende Protein ergibt, während für den Auszug der Faktor 57,34 (für Diolein-Lecithin $C_{44}H_{36}NPO_9$ mit $1{,}744\,^0/_0$ Stickstoff) angebracht ist. Der Stickstoffgehalt des Filtrates gibt keinen genauen Anhaltspunkt für die Menge der Extraktivstoffe; diese wird am einfachsten aus der Differenz: Stick-

Bei Herings- und Karpfenrogen behandelten wir anfangs den Teil, der beim Aufschlämmen mit Wasser zurückblieb, als „weiße Eier" für sich. Später zeigte sich jedoch, daß dieselben neben Proteinstoffen auch noch Basen und Aminosäuren enthielten; außerdem erwies sich die quantitative Ausbeute an „weißen Eiern" je nach der Dauer der Berührung mit Wasser als veränderlich. Aus diesen Gründen addierten wir die Bestandteile der getrockneten „weißen Eier" zu den übrigen des Rogens. Das Albumin konnte nebst den Basen und Aminosäuren durch Ausziehen mit Wasser, das Ichthulin durch Ausziehen mit 0,25 $^0/_0$ iger Kalilauge und Fällen mit Säure, wenigstens teilweise, gewonnen werden.

Allgemeine Zusammensetzung von Rogen und Kaviar.

I. In der natürlichen Substanz.

1	2	3	4	5	6	7	8	9	10	11	12
		Verteilung des Stickstoffs[1]									
Art des Rogens	Wasser %	Stickstoff (n. Kjeldahl) %	Stickstoffsubstanz (Differenz) %	Eischalen (N × 6,25) %	Albumin (N × 6,25) %	Ichthulin (N × 6,25) %	(Basen und Aminos.) Sonstige[2] (Differenz) %	(N × 6,25) %	Fett[3] (Ätherextrakt) %	Asche %	Bemerkung
Karpfenrogen .	66,15	4,432	29,97	3,63	16,43[4]		9,91	27,70	2,48	1,40	} Süßwasserfische
Hechtrogen . .	63,53	4,500	33,01	3,75	2,38	17,29	9,59	28,13	1,40	2,06	
Saiblingsrogen .	63,85	4,450	30,81	1,76	0,15	24,33	4,57	27,81	3,71	1,63	
Heringsrogen .	69,22	4,212	25,21	3,20	4,83	13,68	3,50	26,32	4,19	1,38	} Seefische
Kabeljaurogen I	72,10	3,683	24,44	2,57	2,70	11,47	7,70	23,02	1,33	2,13	
Kabeljaurogen II	73,98	3,549	—	—	—	—	—	22,19	1,48	1,24	

stoffsubstanz — (Eischalen + Albumin + Ichthulin), berechnet. (Vgl. Anm. 2 unten). Auch kann sie direkt aus der Bestimmung des aschenfreien Abdampfrückstandes festgestellt werden.

[1]) Nach obigem Verfahren gefunden oder auch teils (Karpfen-, Saiblings-, Heringsrogen) aus den Ausbeuten bei der Aufarbeitung der Rogen berechnet.

[2]) Gesamt-N-Substanz berechnet aus 100 — (Wasser + Fett + Asche); Basen + Aminosäuren aus Gesamt-N-Substanz — (Eischalen + Albumin + Ichthulin). Der aus dem Stickstoffgehalt berechnete Wert (Spalte 9) fällt in den meisten Fällen zu niedrig aus, da außer den Proteinen stickstoffärmere Bestandteile (Lecithin, Aminosäuren usw.) in nicht unbeträchtlicher Menge und auch Kohlenhydrate, wenn auch in geringer Menge, vorhanden sind.

[3]) Lecithin wird, wie einige Versuche ergaben, aus den getrockneten Eiern durch Äther meist nur in Spuren gelöst (zumal bei den fettärmeren Rogen).

[4]) Siehe Anm. 1 folgende Seite.

Allgemeine Zusammensetzung von Rogen und Kaviar (Fortsetzung).

1	2	3	4	5	6	7	8	9	10	11	12
			Verteilung des Stickstoffs								
Art des Rogens	Wasser %	Stickstoff (n. Kjeldahl) %	Stickstoffsubstanz (Differenz) %	Eischalen (N×6,25) %	Albumin (N×6,25) %	Ichthulin (N×6,25) %	(Basen und Aminos.) Sonstige (Differenz) %	(N×6,25) %	Fett (Ätherextrakt) %	Asche %	Bemerkung
Dorschkaviar	59,39	3,526	26,36	2,26	0,85	5,94	15,31	22,04	4,44	9,81	} Kaviar
Elbkaviar	55,53	3,741	22,90	2,20	3,32	13,87	3,51	23,39	15,36	6,21	
Astrachankaviar	46,06	4,177	29,51	3,09	3,37	15,55	7,50	26,11	16,12	8,31	

II. In der aschefreien Trockensubstanz.

Art des Rogens	Wasser %	Stickstoff (n. Kjeldahl) %	Stickstoffsubstanz (Differenz) %	Eischalen (N×6,25) %	Albumin (N×6,25) %	Ichthulin (N×6,25) %	(Basen und Aminos.) Sonstige (Differenz) %	(N×6,25) %	Fett (Ätherextrakt) %	Asche %	Bemerkung
Karpfenrogen	—	13,65	92,37	11,19	50,64[1]		30,54	85,37	7,64	—	} Süßwasserfische
Hechtrogen	—	13,08	95,93	10,90	6,92	50,25	27,87	82,75	4,07	—	
Saiblingsrogen	—	12,89	89,25	5,10	0,44	70,48	13,24	80,56	10,75	—	
Heringsrogen	—	14,33	85,75	10,88	16,43	46,53	11,91	89,52	14,25	—	} Seefische
Kabeljaurogen I	—	14,29	94,84	9,97	10,48	44,51	29,88	89,33	5,16	—	
Kabeljaurogen II	—	14,32	—	—	—	—	—	89,50	6,00	—	
Dorschkaviar	—	11,45	85,59	7,34	2,76	19,29	49,71	71,56	14,42	—	} Kaviar
Elbkaviar	—	9,79	59,95	5,78	8,69	36,31	9,18	61,23	40,21	—	
Astrachankaviar	—	9,15	64,67	6,77	7,39	34,08	16,44	57,22	35,33	—	

Eine Chlorbestimmung in den Aschen der Kaviarsorten ergab für Dorsch-Kaviar 8,36%, für Elb-Kaviar 5,35%, für Astrachan-Kaviar 6,31% Chlornatrium; der mittlere Kochsalzgehalt für Kaviar berechnet sich aus sämtlichen oben mitgeteilten Analysen zu 7,72 (1,34 bis 19,05)%. In den von uns untersuchten Kaviarsorten waren ferner die Konservierungsmittel Borsäure und Salicylsäure nicht vorhanden[2].

Wie ein Blick auf obige Tabellen zeigt, sind Wasser-,

---

[1] Durch versuchsweise Behandlung mit Kochsalz war ein Teil des Ichthulins gelöst worden, so daß Albumin und Ichthulin nicht mehr getrennt bestimmt werden konnten.

[2] Eine andere Probe, in einem hiesigen Geschäft gekauften Malossol-Kaviars enthielt (deklariert) als Konservierungsmittel „Urotropin"; dieses ist wie „Formin", „Aminoform" usw. eine andere Bezeichnung für Hexamethylentetramin und spaltet durch Säuren allmählich Formaldehyd ab. Sein Zusatz ist deswegen nicht unbedenklich.

Stickstoff- und Aschengehalt im allgemeinen weniger großen Schwankungen unterworfen, abgesehen davon, daß die Kaviarsorten wegen des Kochsalzzusatzes naturgemäß weniger Wasser und mehr Asche enthalten als die natürlichen Rogen.

Sehr verschieden ist der **Fettgehalt** der einzelnen Fischrogen, wie ja auch der Fettgehalt des Fischfleisches je nach der Art wechselt. Man kann sagen, daß fettreiche Fische auch fetten Rogen enthalten, und umgekehrt[1]). Der Fettgehalt läßt sich auch zum Wassergehalt, wie beim Fischfleische, in Beziehung bringen, wie auch **Lichtenfelt**[2]) sagt: „Es ist sicher, daß der verminderte Wassergehalt durch Fett ausgeglichen wird oder auf erhöhtem Fettgehalt beruht."

Die Verteilung der einzelnen **Stickstoffverbindungen** im Rogen ist gleichfalls nach der Fischart verschieden; doch überwiegt in den meisten Fällen das Ichthulin.

2. Zerlegung der einzelnen Bestandteile.

Für die Zerlegung der einzelnen Gruppenbestandteile mußten **größere Mengen** Rogen aufgearbeitet werden, was teilweise mit nicht unerheblichen Schwierigkeiten verbunden war.

Wir verfuhren dabei im allgemeinen wie vorstehend, S. 38 schon beschrieben ist. Abweichend waren davon nur folgende Behandlungen:

Zur Gewinnung und Bestimmung der **Eihäute** wurden die gewogenen Ovarien durch ein Sieb getrieben, dessen Maschendurchmesser den der Eier etwas übertraf, wobei die Häute zurückblieben.

Das **Ichthulin** schieden wir anfangs durch Zugabe von

---

[1]) Nach J. **Lewkowitsch** (Chem. Technologie und Analyse der Öle, Fette und Wachse **2**, 226, 1905) ist bezüglich des Fettgehaltes der Fischleber das Umgekehrte der Fall, indem gerade fettarme Fische (z. B. Dorsch) den meisten Lebertran liefern. (Vgl. J. **König** u. A. **Splittgerber**, l. c. S. 113.

[2]) Arch. f. d. ges. Physiol. des Menschen und der Tiere, Bonn **103**, 353 bis 402, 1904.

Essigsäure oder durch Aussalzen mit Kochsalz ab, später erwies sich eine alleinige Zugabe von viel Wasser, wodurch das Ichthulin vollständig ausfiel und sich gut absetzte, als das einfachste Verfahren.

Zur Reinigung der Eiweißstoffe diente wiederholtes Aufwirbeln mit Wasser, Absitzenlassen und Abhebern, bis nichts mehr ausgezogen wurde (Chlorreaktion, Biuretreaktion).

Auch mit Hilfe der Dialyse ließen sich Albumin und Ichthulin zumal von den Salzen befreien; hierbei erwies sich ein Dialysator, wie er in nachfolgender Zeichnung im Querschnitt dargestellt ist, als recht brauchbar (Fig. 2).

Fig. 2.

Der bei *a* eintretende, mittels Quetschhahn geregelte Wasserstrom wird in ein flachspiralig aufgerolltes Kupferrohr (*b—b*) geleitet, das an der Oberfläche zahlreiche feine Öffnungen besitzt, die das frische Wasser gegen die Membran (*m—m*) austreten lassen, während das Salzwasser zu Boden sinkt und durch *c—d* beständig entfernt wird. Dabei befindet sich das Flüssigkeitsniveau innerhalb des Dialysators und die Ausflußöffnung *d* in einer Höhe.

Das Dialysieren wurde stets so lange (mehrere Tage) fortgesetzt, bis das ausfließende Wasser mit Silbernitrat keine merkliche Reaktion mehr gab.

Die auf vorstehende Weise gewonnenen Roh-Ichthuline wurden hierauf soweit wie möglich abgesaugt oder durch Eindampfen bei mäßiger Hitze eingeengt, dann noch feucht zur Entfernung des Wassers und der fettartigen Bestandteile (Lecithin usw.) mit Alkohol ausgezogen. Am bequemsten geschah das in der Weise, daß die breiartige Eiweißmasse in eine sehr dichte oben offene Filtrierpapierhülse gebracht und im Soxhlet-Apparat so lange mit öfters erneuertem[1]) Alkohol ausgezogen wurde, bis der Patroneninhalt sich ohne Mühe im Mörser pulvern ließ. Hierauf wurde das Protein zunächst noch einige Zeit mit Alkohol und schließlich mit Äther vom letzten Fett befreit. Nach dem Abdunsten des Äthers bildeten die so erhaltenen Ichthuline meist ein grauweißes oder gelblichweißes Pulver[2]).

Die durch Abhebern oder Abfiltrieren von dem Ichthulin gewonnene Flüssigkeit schied beim Einengen auf dem Wasserbade Albumin ab. Durch Abfiltrieren und Auswaschen oder, wie sich später zeigte, besser durch wiederholtes Absitzenlassen und Abhebern gelang es, die sonstigen wasserlöslichen Extraktstoffe aus demselben zu entfernen. Die Entfernung des letzten Wassers und Fettes geschah wie beim Ichthulin.

Das Filtrat vom Albumin wurde eingedampft, auf ein bestimmtes Volumen gebracht und behufs Haltbarmachung mit etwas Chloroform versetzt. Es enthielt die wasserlöslichen Basen und Aminosäuren.

Die aus den Eiweißstoffen durch Alkohol und Äther gelösten Fette blieben nach dem Abdestillieren der Lösungsmittel zurück. In einigen Fällen erschwerte ein ziemlich starkes Schäumen die Destillation. Doch ließ sich dieses durch öftere Zugabe von etwas Äther beseitigen. Die abgeschiedenen Fette wurden alsdann in Äther gelöst und wie bei Sperma, S. 31 ff. weiter behandelt[3]).

Bezüglich der Ausbeuten an den einzelnen Bestandteilen des Fischrogens sei auf die oben S. 39 mitgeteilte Tabelle verwiesen.

Über die Beschaffenheit und verarbeiteten Mengen der einzelnen Rogen möge folgende Tabelle Auskunft geben:

---

[1]) Da sonst leicht Schäumen oder Stoßen eintrat.

[2]) Das Ichthulin aus Saiblingsrogen war schneeweiß.

[3]) Auch beim Trocknen der Fette im Kohlendioxydstrom schäumte beim Durchleiten des Gases die Masse anfangs häufig auf. Dies ließ sich in der Weise verhindern, daß wir das Einleitungsrohr nicht eher in das Fett eintauchen ließen, bis der meiste Alkohol (der das Schäumen verursachte) abdestilliert war. Das alkoholfreie Fett war auch, wenn es noch viel Wasser enthielt, bei Wasserbadtemperatur leicht flüssig.

Rogen von	Äußere Beschaffenheit	Größe der Eier mm	Verarbeitete Menge (gesamt, einschl. der allgemeinen Untersuchung) g	Darin Sehnen und Häute g		Von Häuten befreiter Rogen für die Hauptuntersuchung g	Sonstige Bemerkungen
				g	%		
Hering[1]	Fest, körnig, rötlichgelb	1—2	2373	58	2,4	2103	Von 132 Stück laichreifen Heringen.
Karpfen[1]	Schwach grünlich, weniger fest als Heringsrogen	ca. 2	1361	50	3,7	1106	Von einem Karpfen.
Saibling	Schön goldgelb, beim Berühren leicht knirschend	4	1935	—	—	1535	Äußerst widerstandsfähige Schalen.
Kabeljau I[2]	Ziemlich fest, gelbrötlich	1	3529	193	5,5	3016	Die Häute waren schwach angefault.
Kabeljau II	Desgleichen	1	939	31,5	3,4	—	Frisch.
Hecht	Bräunlich-gelb, dünnbreiig	2	575	29	4,1	104	—
Dorschkaviar	Gelbweiß-hellgrau, trotz seines hohen Wassergehaltes fest	1	560	—	—	460	Eigenartiger Geruch[3], Geschmack fast wie Störkaviar.
Elbkaviar	Dünnbreiig, dunkelbraun, grünschwarz	kaum 2	624	—	—	510	Das getrocknete Ichthulin besaß eine graue Farbe.
Astrachankaviar	Färbung etwas dunkler als voriger und körniger	2,5	455	—	—	355	

3. Trennung und Bestimmung der Fleischbasen und Aminosäuren.

K. Linnert[4] kochte 50 g körnigen und 80 g gepreßten Kaviar mit der 10fachen Menge 0,5 %iger Schwefelsäure wäh-

---

[1] Der Rogen von Hering und Karpfen wurde etwas anders verarbeitet als der Rogen der anderen Fische, nämlich: 2103 g von Häuten befreiter Rogen lieferten 1481 g sog. „weiße Eier" von der Zusammensetzung: Wasser 75,83 %, Asche 0,61 %, Stickstoffsubstanz (N×6,25) 21,32 %, Fett 3,04 %. 1106 g Karpfenrogen ergaben 70,9 g weiße Eier von der Zusammensetzung: Wasser 5,73 %, Asche 1,43 %, Stickstoffsubstanz 88,06 %, Fett 2,21 % (lufttrocken). Beim Ausfällen des Karpfen-Ichthulins mit Essigsäure trat eine rötliche Färbung auf.

[2] Die Ovarien wurden durch eine Fleischmühle mit 4-mm-Sieb zerkleinert und durch ein 1-mm-Sieb getrieben, wobei die zum Teil zerkleinerten Häute zurückblieben; der Rest hatte sich um die Walze der Fleischmühle gelegt und ließ sich von dort leicht entfernen.

[3] Jedenfalls von Gewürzen herrührend, etwa an Leberwurst erinnernd.

[4] Biochem. Zeitschr. 18, 209, 1909.

rend 12 Stunden; nach Entfernung der Schwefelsäure mit Bariumcarbonat versetzte er das Filtrat nach dem Eindunsten mit einem Gemisch von gleichen Teilen 33%iger Natronlauge und halbgesättigter Sodalösung, filtrierte, säuerte mit Salzsäure an, machte ammoniakaliseh und fügte ammoniakalische Silberlösung zu, wobei er keinen Niederschlag feststellen konnte. Hieraus schließt Linnert, daß im Kaviar keine Xanthinbasen vorhanden seien.

Da, abgesehen von dem Nachweis der Fleischbasen im Fischfleisch durch J. König und A. Splittgerber[1]), sowie im Fischsperma u. a. durch eigene Untersuchungen[2]), auch E. Salkowski[3]) im Hühnerei mittels der Kreatininreaktionen von Weyl, und in Gemeinschaft mit Jaffé ferner durch Abscheidung mit Chlorzink unzweifelhaft Kreatinin nachgewiesen hat, so kann der vorhin erwähnte Befund K. Linnerts auffallend erscheinen.

Wir haben daher diese Frage weiter geprüft und dabei folgendes Verfahren eingeschlagen:

In den vom Albumin befreiten Kaltwasserauszügen der Fischeier bestimmten wir zunächst Stickstoff, Trockensubstanz[4]) und Asche, wobei sich folgende Werte ergaben:

Es enthielten im Kaltwasserauszug auf je 1000 g Rogen berechnet:

Substanz	Stickstoff g	Trockensubstanz g	Asche g	Organische Substanz g	Darin Stickstoff %
(Heringsrogen[5]) . .	5,08	41,21	6,21	35,0	14,5
(Karpfenrogen[5]) .	14,77	—	—	99,1	14,9
Saiblingsrogen . .	1,77	21,60	5,93	15,7	11,3
Kabeljaurogen . .	4,67	45,10	9,90	35,2	13,3
Dorschkaviar . . .	15,74	238,30	100,90	137,4	11,4
Elbkaviar	4,45	99,50	59,50	40,0	11,2
Astrachankaviar .	4,76	124,10	83,10	41,0	13,0

[1]) Die Bedeutung der Fischerei usw. S. 116 ff.

[2]) Vgl. Abhandlung über Sperma.

[3]) Biochem. Zeitschr. 32, 335, 1910.

[4]) Die Bestimmung der Trockensubstanz erwies sich bei Hering und Karpfen insofern schwierig, als die organische Substanz sich in der Hitze etwas zersetzte; bei Karpfen war außerdem wegen dervorhandenen großen Salzmengen die Aschenbestimmung erschwert.

[5]) Die Gewinnung des Extraktes war, da ein Teil in den „weißen

Von diesen Lösungen (außer bei den Auszügen von Saib-
lings- und Kabeljaurogen) wurde alsdann ein aliquoter Teil mit
phosphorwolframsaurem Natrium und Schwefelsäure nach Baur
und Barschall[1]), wie bei Sperma, gefällt. Die weitere Behandlung geschah bei Herings- und Karpfenrogen ebenfalls
genau wie beim Fischsperma.

Bei den Auszügen aus den übrigen Rogen fällten wir
jedoch die Xanthinbasen nicht mehr mit Natriumbisulfit und
Kupfersulfat, sondern mit einer selbstbereiteten alkalifreien
Kupferbisulfitlösung[2]). Durch Schwefelwasserstoff und Bariumcarbonat läßt sich dieses Fällungsmittel quantitativ wieder
entfernen, ohne daß bei der Abscheidung des Kreatinins und
der übrigen Basen sehr lästige Alkalisalze in Lösung gelangen.

Aus den Kaltwasserauszügen der zuletzt untersuchten
Rogen (Saibling, Kabeljau, Hecht) schieden wir die Purinbasen
direkt mit Kupferbisulfit aus[3]) und trennten aus gleichen
Gründen wie vorhin die übrigen Basen und Aminosäuren durch
eine $10^0/_0$ige wässerige Lösung von reiner Phosphorwolframsäure, da es uns bei diesen beiden Rogen weniger auf eine
Übersicht über die klassenmäßige Stickstoffverteilung als auf
die Isolierung einzelner Basen und Aminosäuren, in Anbetracht
der großen zur Verwendung gekommenen Rogenmengen, ankam.

Eine Übersicht über die prozentuale Stickstoffverteilung
in den wässerigen Auszügen von „weißen Eiern" aus Herings-
und Karpfenrogen sowie von den Kaviarsorten gibt folgende
Tabelle, die auf quantitativen Bestimmungen beruht:

Eiern" blieb, nicht quantitativ: beim Karpfenextrakt verhinderten auch
die großen Salzmengen eine quantitative Gewinnung. Deswegen wurde
der Wert für Spalte 4 aus der Tabelle für allgemeine Zusammensetzung
S. 39 u. 40) entnommen, die übrigen hierauf umgerechnet.

[1]) Arbeiten aus dem Kaiserl. Gesundheitsamte 24, 552, 1906.

[2]) 20 g Kupferhydroxyd wurden mit etwa der 20fachen Menge
Wasser übergossen; dann wurde Schwefeldioxyd bis zur Sättigung ein-
geleitet und vom Ungelösten abfiltriert. Das grünblaue Filtrat enthielt
das Kupferbisulfit. Beim Aufbewahren der Lösung schied sich aber
allmählich Kupfersulfit wieder aus.

[3]) Der Auszug aus Saiblingsrogen wurde zuerst mit verdünnter
Schwefelsäure nach Micko gekocht, um die Xanthinbasen aus möglicherweise vorhandenen Verbindungen abzuspalten. Aus Kabeljaurogen
schieden wir, ohne vorher mit Säure zu kochen, also nur die im freien
Zustand vorhandenen Basen ab.

Wässeriger Auszug von	1. Basen-Stickstoff %	2. Davon Ammo-niak-Stickstoff %	3. Amino-säuren-Stickstoff %	4. Stickstoff in nicht bestimmter Form %
Heringsrogen (weiße Eier)	19,8	} Nicht be-	44,3[1]	35,9
Karpfenrogen (weiße Eier)	39,8	} stimmt	36,1[1]	24,1
Dorschkaviar	24,1	17,5	68,3	7,6
Elbkaviar	25,7	13,6	55,4	18,9
Astrachankaviar	25,2	11,5	32,7	42,2

Diese Zahlen zeigen, daß einmal bei der Entfernung der Schwefelsäure durch Bariumcarbonat wechselnde, aber nicht unbedeutende Mengen Stickstoffsubstanz (Spalte 4) unlöslich abgeschieden werden, die den Barytmassen durch wiederholtes Auskochen nicht entzogen werden können. Die Menge der Aminosäuren (Spalte 3) ist (besonders bei Elb- und Dorschkaviar) sehr bedeutend. Bis über die Hälfte des Basenstickstoffs (Spalte 1) des Kaviarextraktes besteht aus Ammoniak (Sp. 2). Vielleicht läßt sich aus der Menge der einzelnen Stickstoffverbindungen ein Schluß auf Güte und Alter eines Kaviars ziehen, nämlich in der Weise, daß hoher Aminosäuren- und Ammoniakgehalt, sowie niederer Gehalt an nicht bestimmbaren basischen Stoffen (Sp. 4) auf eine minderwertigere Ware deutet. Doch würden zur sicheren Entscheidung dieser Frage eine größere Anzahl von Analysen notwendig sein.

Zur Isolierung der einzelnen Stickstoffverbindungen wurden die in oben beschriebener Weise als Silberverbindungen abgeschiedenen Xanthinbasen mit Schwefelwasserstoff von Silber befreit und durch Stickstoffbestimmung als solche identifiziert. Hierbei erhielten wir bei Herings- und Karpfenrogen folgende Zahlen:

Bestandteile	Wasserauszug von Rogen aus	
	Hering g	Karpfen g
Org. Trockensubstanz	13,82	6,90
Xanthinsilber	0,1200	0,1080
Xanthinbasen in Proz. der org. Trockensubstanz	0,38	0,68
Stickstoff in Xanthinsilber: gefunden . . .	0,0174	0,0205
„ „ „ : berechnet . . .	0,0175	0,0157

[1] Der ursprüngliche Auszug enthielt 25,8% (Hering) bzw. 22,8% (Karpfen) durch Phosphorwolframsäure nicht fällbaren Stickstoff.

In den Auszügen aus den Kaviarsorten und den „weißen Eiern" von Hering und Karpfen wurden die Xanthinbasen durch gleichzeitige Stickstoff- und Silberbestimmungen nachgewiesen:

Auszug von	Organische Trockensubstanz	Davon Xanthinbasen [1]		Darin Stickstoff		Silber [2]	
						gefunden	berechnet
	g	g	%	mg	%	mg	mg
Hering „weiße Eier"	—	0,0540	—	18,90	35,0	56,9	58,2
Karpfen desgl. . .	—	0,0325	—	10,96	33,7	31,3	33,9
Dorschkaviar . .	18,96	0,0085	0,05	4,54	53,4	12,0	14,0
Elbkaviar	12,25	0,0280	0,23	7,94	28,4	23,0	24,5
Astrachankaviar .	8,73	0,0355	0,40	10,96	30,8	33,5	33,9

Aus 66,8 g Hechtrogen wurden 0,0220 Xanthinsilber gewonnen. 0,0193 g von diesem enthielten 0,0119 g Ag (ber. 0,0109 g).

Sehr geringe Mengen Xanthinbasen schieden sich aus dem wässerigen Auszuge von Saiblingsrogen (1228 g) ab. Der mit ammoniakalischer Silberlösung entstehende Niederschlag war anfangs fast unsichtbar und konnte wegen seiner geringen Menge nicht weiter untersucht werden[3].

Im Gegensatz hierzu enthielt der Kabeljaurogen bedeutende Mengen Purinstoffe. Die mit ammoniakalischer Silberlösung in dem aufgelösten und entkupferten Kupferbisulfitniederschlag entstehende Fällung enthielt, 2865 g Rogen entsprechend, 3,154 g freie Xanthinbasen und 4,6684 g Silber[4]. 0,1755 g der Basen enthielten nach Kjeldahl verbrannt 60,12 mg Stickstoff oder 34,2 %.

Eine weitere Trennung dieser Purinstoffe gelang nach dem von Krüger und Salomon[5] angegebenen Verfahren auf folgende Weise:

---

[1] Lufttrocken gewogen.

[2] Auf Adenin berechnet.

[3] Vgl. den verhältnismäßig hohen Xanthingehalt des Saiblings-Ichthulins S. 71 (Tabelle).

[4] Dieser zu hohe Silberwert zeigt an, daß ein Teil der schwerlöslichen Basen in dem abgeschiedenen Schwefelsilber zurückblieb und nicht mitbestimmt wurde. Der Gehalt an Xanthinbasen ist also wahrscheinlich noch etwas höher als gefunden ist, nämlich aus dem Ag-Wert berechnet: 3,289 g Xanthin. Doch können auch sonstige Silberverbindungen (Phosphate usw.) mit ausfallen und den Wert für Silber erhöhen.

[5] Zeitschr. f. physiol. Chem. 26, 373, 1898.

Die Basen wurden mit heißer Salzsäure angerührt und dann auf dem Wasserbade zur Trockne verdampft, hierauf mit Wasser versetzt, nochmals zur Trockne verdampft und das gleiche mit Alkohol wiederholt. Nunmehr wurde der grobpulverige Rückstand mit Wasser von ca. 40^0 digeriert und einige Zeit stehen gelassen, dann abfiltriert und bis zum Verschwinden der Chlorreaktion ausgewaschen. Der gelbbraun gefärbte Rückstand, die „Xanthinfraktion", erwies sich als leichtlöslich in Alkalien und Ammoniak, fast unlöslich in Essigsäure. Eine kleine Probe, mit Salpetersäure abgeraucht, lieferte einen citronengelben Rückstand, der sich beim Betupfen mit Natronlauge schön rotviolett färbte. Um das Nitrat der Base herzustellen, wurde ein kleiner Teil in verdünnter Natronlauge gelöst, auf ca. 60^0 erwärmt und in Salpetersäure vorsichtig eingegossen. Nach mehrtägigem Stehen schieden sich auch etwa 2 mm große derbe gelbgefärbte Drusen, aus kleinen Blättchen bestehend, ab (vgl. Fig. 3, Tafel I), die für Xanthinnitrat charakteristisch sind. Aus der Mutterlauge krystallisierten nach einigen Tagen noch weitere Mengen Xanthinnitrat aus. Da sich die Xanthinfraktion in verdünntem Ammoniak klar löste und auch das Filtrat von derselben hiermit keinen nennenswerten Niederschlag gab, konnte die Abwesenheit von größeren Mengen Guanin als sichergestellt gelten.

Hierauf wurde das Filtrat von Xanthin neutralisiert und mit Natriumpikrat versetzt; hierbei trat gleichfalls nur eine sehr geringe Trübung ein, so daß Adenin auch nur in Spuren vorhanden sein konnte.

Nach dem Abfiltrieren wurde die Pikrinsäure durch Ansäuern mit Schwefelsäure und Ausschütteln mit Benzol aus dem Filtrate entfernt, dann Ammoniak im Überschuß und Silberlösung zugegeben, der Niederschlag gut ausgewaschen und mit Salzsäure zerlegt. Nach Neutralisation und Versetzen mit Natriumpikrat in der Wärme schieden sich beim Erkalten derbe Krystalle (Prismen) von gelber Farbe ab. Eine geringe Menge derselben, in Wasser gelöst, lieferte auch nach sehr großer Verdünnung mit Silbernitrat einen citronengelben, körnigen Niederschlag. Eine weitere Menge des Filtrates wurde in der Wärme mit Salpetersäure zerlegt, die Pikrinsäure mit Benzol entfernt, das Filtrat auf ein kleines Volumen eingeengt und zur Krystallisation hingestellt; hierbei schieden sich bereits nach kurzer Zeit wetzsteinförmige Krystalle ab (vgl. Fig. 4, Tafel I). Eine Lösung dieser Krystalle, heiß mit Silbernitrat versetzt, bildete in der Kälte Drusen, aus langen mikroskopischen Prismen bestehend (vgl. Fig. 5, Tafel I). Somit kann auch die Anwesenheit von Hypoxanthin (Sarkin) gleichfalls als bewiesen gelten.

Hiernach bestehen also die Purinbasen des Kabeljaueies vorwiegend aus den beiden Oxypurinen Xanthin und Hypoxanthin. Da diese außer durch salpetrige Säure auch durch Fäulnis und Enzymwirkung aus den betreffenden Aminopurinen Guanin und Adenin sekundär gebildet werden können[1]), ist es nicht ausgeschlossen, daß in frischen Fischeiern Guanin und Adenin vorhanden sind[2]).

Jedenfalls kann es nach vorstehenden Untersuchungen keinem Zweifel unterliegen, daß, entgegen der Ansicht K. Linnerts, Purinbasen in Kaviar und Fischrogen überhaupt vorhanden sind, mögen sie auch an Menge oft so gering sein, daß ihr Nachweis bei Anwendung einer kleinen Substanzmenge nur schwierig gelingt.

Der sichere Nachweis des Kreatinins aus der von Xanthin befreiten Phosphorwolframsäure-Fällung gelang am besten auf folgende Weise:

Die Lösung wurde auf ein kleines Volumen (5 bis 10 ccm) bis zur sirupartigen Konsistenz auf dem Wasserbade eingedampft, erkalten gelassen und mit der etwa 10fachen Menge Spiritus (95 $^0/_0$) versetzt. Hierbei schied sich ein amorpher, schleimiger Stoff ab, der sich teils an den Gefäßwänden festsetzte, teils durch Absaugen besonders nach Zusatz von etwas Kieselgur leicht entfernt werden konnte. Nach Lösung der Fällung in heißem Wasser und Versetzen mit Pikrinsäure und Natronlauge zeigte sich, daß er nur sehr wenig Kreatinin mehr enthielt, während die Hauptmenge in den alkoholischen Auszug übergegangen war. Durch ein- und zweimalige Wiederholung des Verfahrens ging alles Kreatinin in den alkoholischen Auszug über. Der Alkohol wurde alsdann abdestilliert und die Lösung schließlich auf dem Wasserbade fast zur Trockne ein-

---

[1]) Vgl. A. Kossel, Zeitschr. f. physiol. Chem. **10**, 258, 1886. — S. Schindler, Zeitschr. f. physiol. Chem. **13**, 441, 1889.

[2]) Vgl. auch H. Steudel, Zeitschr. f. physiol. Chem. **49**, 406, 1906.

geengt, der Rückstand in etwa 100 ccm heißem Wasser aufgenommen, wobei sich meistens eine weitere Menge jenes Fremdkörpers abschied, von dem filtriert wurde. Die nunmehr erhaltene Kreatininlösung wurde auf etwa 10 ccm gebracht, mit möglichst wenig Essigsäure sehr schwach angesäuert und zu der Lösung eine eben genügende Menge gesättigter, alkoholischer Chlorzink-Lösung (meist 0,5 bis 1 ccm) von neutraler Reaktion zugefügt[1]).

Auf diese Weise konnte das Kreatinin als Chlorzink-Doppelsalz in Form einzelner Nädelchen, die bei Karpfenrogen teilweise zu Nadelbüscheln vereinigt waren, erhalten werden (vgl. Fig. 6, Tafel I). Bezüglich der Kreatinin-Chlorzink-Krystallisationen aus den „weißen Eiern" von Hering und Karpfen sowie den Kaviarsorten wurde folgendes beobachtet:

Verhalten	„Weiße Eier" aus Hering	„Weiße Eier" aus Karpfen	Dorschkaviar	Elbkaviar	Störkaviar
Krystallform des Kreatinin-Chlorzink	Keulenförmige Krystalle, teilweise zu Drusen vereinigt	Wenige Drusen aus einzelnen dicken Nadeln	Einzelne vierseitige Prismen, teils am Ende zugespitzt[2])	Drusen und Nadeln in ziemlicher Menge	Einzelkrystalle in Keulenform
Reaktion mit mit Pikrinsäure und Natronlauge	deutlich	schwach	deutlich	sehr deutlich	deutlich

Das Kreatinin-Chlorzinksalz aus Saiblingsrogen krystallisierte in sehr schönen Büscheln (vgl. Fig. 7, Tafel I), während das aus Kabeljaurogen nur einzelne runde Gebilde erkennen

---

[1]) Kreatinin-Chlorzink ist löslich in Mineralsäuren, seine Löslichkeit in Wasser beträgt kalt 1 : 53, heiß 1 : 24; in Spiritus (87 %) 1 : 5743, in 98%igem Alkohol 1 : 9217 bei 15 bis 20°. K. Micko (Zeitschr. f. Nahrungs- u. Genußmittel **5**, 193, 1902) fällt das Kreatinin durch Chlorzink unter Vermeidung eines Überschusses aus mit Kalilauge schwach alkalisch gemachter alkoholischer Lösung. Hierbei geht jedoch einmal ein geringer, aber deutlich nachweisbarer Teil des Kreatinins in den zuerst entstehenden Zinkhydroxyd-Niederschlag, während andererseits die Kreatinin-Chlorzink-Krystalle mit Chlorkalium verunreinigt werden.

[2]) Von freiem Kreatin herrührend, da wahrscheinlich zu wenig Chlorzink zugesetzt war.

ließ[1]). Dafür gab dieses aber intensive Rotfärbung mit Pikrinsäure und Natronlauge [Jaffé[2])]. Gleichfalls trat mit Nitroprussidnatrium und tropfenweise zugefügter Natronlauge Rotfärbung ein, die allmählich in Gelb überging [Weyl[3])]. Eine Probe wurde ferner vom Zink befreit, mit Sodalösung gesättigt und mit Fehlingscher Lösung versetzt, wobei beim Erwärmen bald Trübung und Ausscheidung eines weißen flockigen Niederschlages von Cupro-Kreatinin eintrat [Maschke[4])].

In dem wässerigen Auszuge von 66,8 g Hechtrogen trat auf Zusatz von Pikrinsäure und Natronlauge deutliche Rotfärbung auf.

Noch auf andere Weise konnte im wässerigenAuszug von den „weißen Eiern" aus Hering Kreatinin nachgewiesen werden.

Ein Teil des Filtrates vom Xanthinkupfer wurde mit Silbernitrat und Barytwasser ausgefällt, der Silberniederschlag mit Schwefelwasserstoff vom Silber und mit Schwefelsäure vom Baryt genau befreit; sodann wurde mit Salzsäure eingedampft und der Rückstand aus etwas Wasser umkrystallisiert. Unter den Krystallen waren die für Kreatinin-Chlorhydrat charakteristischen[5]) durchsichtigen Prismen neben rhombischen Tafeln, die wahrscheinlich dem durch Silber gefällten Kreatinin beigemengten sonstigen Basen angehörten (vgl. Fig. 8, Tafel II), vorhanden. Die erhaltene Menge war indes so gering, daß eine genauere Untersuchung nicht möglich war.

Wie die Formoltitration in den wässerigen Auszügen einiger Rogen ergab, bestand der nicht durch Phosphorwolframsäure fällbare Stickstoff im wesentlichen aus Aminosäuren-Stickstoff:

---

[1]) Nach längerer Zeit bildeten sich auch hier deutliche Krystalle.

[2]) Zeitschr. f. physiol. Chem. **4**, 133, 1880. Empfindlichkeit etwa 1 : 5000.

[3]) Ber. d. Deutsch. chem. Ges. **11**, 2175, 1878. Empfindlichkeit etwa 1 : 2000.

[4]) Zeitschr. f. anal. Chem. **17**, 134, 1878. Empfindlichkeit etwa 1 : 10 000.

[5]) Vgl. Hoppe-Seylers Handb. d. chem. Analyse. Bearbeitet von H. Thierfelder, Berlin 1903, S. 130.

Auszug von	In der basenhaltigen Lösung		In der basenfreien Lösung	
	Gesamt-Stickstoff nach Kjeldahl g	als Formol-Stickstoff gefunden g	nicht ge-fällter Stick-stoff nach Kjeldahl g	als Formol-Stickstoff gefunden g
Heringsrogen . . .	2,01	nicht bestimmt	0,56	0,46
Karpfenrogen . .	1,02	do.	0,23	0,25
„Weiße Eier" von Hering	0,94	do.	0,42	0,43
„Weiße Eier" von Karpfen	0,21	do.	0,08	0,09
Dorschkaviar . . .	2,17	1,26	1,48	0,80
Elbkaviar	1,34	0,88	0,75	0,74
Störkaviar	1,13	0,44	0,37	0,39

Wir haben aber auch versucht, einzelne Aminosäuren dadurch zu gewinnen, daß wir den mit phosphorwolframsaurem Natrium und Schwefelsäure ausgefällten Auszug aus Heringseiern, nach Entfernung der Fällungmittel durch Baryt, nach Neuberg und Kerb[1]) mit Mercuriacetat und Natriumcarbonat in alkoholischer Lösung fällten und den ausgewaschenen Niederschlag mit Schwefelwasserstoff zerlegten. Das Filtrat vom Schwefelquecksilber lieferte nach dem Einengen Gebilde vom Aussehen der Leucinknollen neben einzelnen Nadeln.

Der wässerige Auszug der „weißen Eier" von Hering wurde nach Entfernung der Basen stark eingedampft und mehrmals mit Alkohol ausgekocht, um die anorganischen Bestandteile abzuscheiden. Die alkoholischen Lösungen wurden dann eingeengt und zur Krystallisation hingestellt. Es schied sich nach einiger Zeit eine in Wasser sehr schwer lösliche Substanz ab, die nach dem Umkrystallisieren aus Wasser das Aussehen von kurzen, dicken, teilweise sternförmig gruppierten Nädelchen besaß. Mit Diazobenzolsulfosäure trat bei einem Teil derselben in sodaalkalischer Lösung intensive Rotfärbung ein. Hiernach lag also das in obigen Formen krystallisierende l-Tyrosin vor, das bei der Aufspaltung der Proteine mit Säuren sich nicht bildet und somit wohl vorgebildet in den Eiern vorhanden sein muß.

---

[1]) Neuberg und Kerb, Zeitschr. f. physiol. Chem. **40**, 498, 1912.

Das sehr stickstoffreiche Aminosäurenfiltrat von Dorschkaviar wurde, um Cystin abzuscheiden, mit Aceton und Essigsäure versetzt, worauf sich nach einigen Tagen ein Konglomerat von Krystallen abschied, die zwar auf Kohle geschmolzen, die Heparreaktion gaben, aber nicht die übrigen Cystinreaktionen teilten. Die Substanz war ziemlich leicht in Wasser, schwer in verdünntem Alkohol, nicht löslich in Aceton. Aus Wasser umkrystallisiert, zeigten sich unter dem Mikroskop schön ausgebildete sechsseitige Prismen mit aufgesetzten Pyramiden (vgl. Fig. 9, Tafel II) neben kleinen Blättchen. Hiernach bestand die abgeschiedene Substanz aus dem in der Galle und der Muskelflüssigkeit[1]), besonders auch der kaltblütigen Tiere, vorkommenden Taurin (Aminoäthylsulfosäure). Dieses Taurin konnte auch in anderen Rogen (Herings-, Karpfenrogen, Störkaviar) in geringer Menge nachgewiesen werden.

Ein Teil der Aminosäurenlösung von Astrachankaviar wurde mit Bleiessig ausgefällt, nach Entfernung des Bleies mit Mercuriacetat und Natriumcarbonat versetzt und der Niederschlag durch Schwefelwasserstoff zerlegt. Das Filtrat vom Schwefelquecksilber wurde sodann abgedampft und in einer Lösung von absolutem Alkohol mit Chlorwasserstoff gesättigt. Beim Erkalten schied sich eine geringe Menge von langen Nadeln ab, die beim Kochen mit Wasser in freies Glykokoll zerfielen, das an seiner Krystallform unter dem Mikroskop erkannt wurde.

Den Auszug aus Kabeljaueiern untersuchten wir auf Asparaginsäure, indem wir die Lösung mit Bleioxyd kochten, den Niederschlag mit Schwefelwasserstoff zerlegten, die abgeschiedene Säure in das Kupfersalz überführten und dieses sowie die freie Säure unter dem Mikroskop untersuchten. Das Kupfersalz zeigte nicht die für asparaginsaures Kupfer charakteristischen Krystalle, so daß auf die Anwesenheit von Asparaginsäure nicht geschlossen werden konnte. Auch ein schwer lösliches Zinksalz bildete sich nicht, so daß Glutaminsäure gleichfalls nicht vorlag.

Auf Pyrimidinderivate, die mit den Purinstoffen strukturverwandt sind, wurde ein Teil der Aminosäurenlösung aus

---

[1]) Vgl. auch T. Jona, Zeitschr. f. physiol. Chem. **83**, 458, 1913 Über die Extraktivstoffe der Muskeln.

Kabeljaurogen geprüft. Wir versetzten einen Teil des Filtrates von der Phosphorwolframsäure-Fällung bei Kabeljaurogen mit Sibernitrat und überschüssigem Baryt, schwemmten den Niederschlag in heißer verdünnter Schwefelsäure auf und zerlegten mit Schwefelwasserstoff. Nach Entfernung der Fällung und des Fällungsmittels sowie der Schwefelsäure durch Baryt krystallisierte beim Einengen eine Substanz aus, die bei starker Vergrößerung aus vielen kurzen, dicken Nädelchen[1], teilweise zu schönen Drusen angeordnet, bestand (vgl. Fig. 10, Tafel II). Sie löste sich leicht in heißem, schwer in kaltem Wasser. Bei Zugabe von Bromwasser wurde dieses sofort entfärbt. Mit Diazobenzolsulfosäure trat in natronalkalischer Lösung schöne Rotfärbung ein. Auch Sublimierbarkeit wurde festgestellt. Die nähere Untersuchung des Sublimates zeigte auch, daß dieses aus Drusen winzig kleiner, kurzer, mikroskopischer Nädelchen, also aus denselben Krystallen wie bei der Krystallisation aus Wasser, bestand. Eine Stickstoffbestimmung ergab: $23,2\,^0/_0$ (ber. 23,8). Hiernach ist es nicht zweifelhaft, daß das zuerst von Kossel und Neumann[2] aus Thymusnucleinsäure gewonnene Thymin (5-Methyl-2-6-dioxypyrimidin) vorlag. Die erhaltene Menge betrug nach der Krystallisation 0,4015 g aus 1146 g Rogen.

Eine gedrängte Übersicht über das Vorkommen von Fleischbasen und Aminosäuren im Fischrogen gibt folgende Zusammenstellung:

Auszug von	Organische Trockensubstanz g	Xanthinbasen g	Kreatin und Kreatinin		Aminosäuren
			mit Chlorzink	mit Pikrinsäure und Natronlauge	
Heringsrogen . . .	13,82	0,0530	einzelne Nadeln	Rotfärbung	Leucin (?) Taurin (wenig)
Karpfenrogen . .	6,90	0,0730	Krystallbüschel	„	Taurin (Spur)

[1] Vgl. Wl. Gulewitsch, Zeitschr. f. physiol. Chem. 27, 294, 1899.
[2] A. Kossel und A. Neumann, Ber. d. Deutsch. chem. Ges. 26, 2753, 1893; 27, 2217, 1894.

Auszug von	Organische Trocken-substanz g	Xanthin-basen g	Kreatin und Kreatinin		Amino-säuren
			mit Chlorzink	mit Pikrin-säure und Natronlauge	
Hering („weiße Eier")	n. best.	0,0540	Drusen und Einzel-krystalle	Rotfärbung	l-Tyrosin
Karpfen (weiße Eier")	n. best.	0,0330	wenig Kry-stalle	"	—
Saiblingsrogen . .	26,56	Spur	Krystalle sehr schön ausgebild.	schwache Rotfärbung	—
Kabeljaurogen . .	129,11	3,1540	Anfangs runde, schlecht ausgebil-dete Krystalle, später deutlicher	sehr intensive Rotfärbung	(aus 1146 g Rogen) Thymin (0,4015 g)
Hechtrogen 66,78 g	n. best.	0,0096	—	Rotfärbung	—
Dorschkaviar . . .	18,96	0,0090	Einzelkrystalle	"	Taurin
Elbkaviar	12,25	0,0280	Drusen u. Nadeln	intensive Rotfärbung	—
Astrachankaviar .	8,73	0,0360	Einzelkrystalle	Rotfärbung	Taurin, (we-nig)Glykokoll

4. Die Proteine des Fischrogens.

Hugounenq[1]) gewann aus den Rogen des Herings ein „Albumin-Clupeovin", das bei der Hydrolyse mit verdünnter Schwefelsäure lieferte: Arginin, Histidin, Lysin, Tyrosin, Leucin, Aminovaleriansäure, Alanin, Serin, Phenylalanin und Asparagin-säure. Diese Spaltungsprodukte stimmen mit den Bausteinen des Hühnerei-Vitellins überein, nur wurden in letzterem auch noch geringe Mengen von Glykokoll gefunden.

Reife und unreife Barscheier untersuchte Olaf Ham-marsten[2]). Er brachte durch 5 bis $10^0/_0$ige Chlornatrium-lösung Eiweiß in Lösung, das weder durch Dialyse noch durch Verdünnung mit Wasser ausgeschieden wurde. Bei der Ex-traktion der Eier mit reinem Wasser quollen sie stark auf, doch löste sich auch hier Eiweiß. Wie die Untersuchung er-gab, bestand das Albumin des Barscheies zum allergrößten Teil

---

[1]) Über ein aus Fischrogen ausgezogenes Albumin, verglichen mit dem Vitellin des Hühnereies. Compt. rend. **143**, 693 bis 694, 1906.

[2]) Zur Chemie des Fischeies. Chem. Centralbl. **1905**, II; Skand. Arch. f. Physik **17**, 113 bis 132. 5. IV.

aus einem vitellinähnlichen Nucleoalbumin. Zur Reindarstellung wurden die Eier mit Wasser verrührt, filtriert und mit Salzsäure das „Mucin" ausgefällt. Aus der Lösung wurde sodann durch Neutralisation mit Natronlauge das „Albumin" ausgefällt. Die neutrale Lösung desselben gerann nicht beim Sieden und enthielt keine Purinkörper, Phosphorgehalt wurde aber festgestellt.

Das „Mucin"[1]) wurde durch abwechselndes Lösen in Natronlauge und Fällen mit Salzsäure gereinigt. Das Produkt zeigte die Eigenschaften eines Mucins. Ferner wurde festgestellt, daß die Hülle der reifen Eier in der Hauptsache aus Mucinogen, das Eiinnere aus Mucin bestand.

Mit einem Eiweißstoff aus Karpfeneiern beschäftigte sich eingehend G. Walter[2]). Nachdem bereits Virchow, Lehmann, Dumas und Cahours die Eiweißnatur der Dotterplättchen festgestellt hatten, analysierten die Karpfeneier zuerst A. Valenciennes und Fremy. Aus der Lösung der Dotterplättchen in Wasser entstand durch stärkere Verdünnung ein Niederschlag, den sie Ichthulin nannten. Bei der Untersuchung der Eier anderer Fische wurde dieser Körper auch stets festgestellt. Das Ichthulin erwies sich als löslich nur in Salzlösung von ganz bestimmter Konzentration.

Das Ichthulin aus Salmenrogen, ausgewaschen mit Alkohol und Äther, erwies sich als löslich in Salz- und Phosphorsäure. Die Analyse ergab: $C = 52,5$ bis $53,3\,^0/_0$; $H = 8,0$ bis $8,3\,^0/_0$; $N = 15,2\,^0/_0$; $P = 0,6\,^0/_0$; $S = 1,0\,^0/_0$; $O = 22,7\,^0/_0$.

Die Untersuchungen dieses Ichthulins setzte Walter auf Anregung Kossels fort. Er konstatierte zunächst, daß im Rogen — verwendet wurden Karpfenrogen — von Oktober bis Februar die Eiweißausbeuten stiegen.

Die Behandlung geschah in der Weise, daß die Eier mit Sand zerdrückt und zu einem dünnen Brei angerührt wurden. Nach dem Kolieren fügte er viel Wasser zu und erhielt eine starke Trübung, die durch Einleiten von Kohlendioxyd allmählich flockig wurde. Durch Lösen in stark verdünnter Magnesiumsulfatlösung und Wiederausfällen wurde das Produkt

---

[1]) Vgl. unser Ichthulin.
[2]) Zeitschr. f. physiol. Chem. **15**, 477, 1891.

gereinigt, schließlich mit Alkohol und mit Äther ausgewaschen. Die Analyse ergab: $C = 53{,}33\,^0/_0$, $H = 7{,}56\,^0/_0$, $N = 15{,}63\,^0/_0$, $O(S.P.Fe) = 23{,}48\,^0/_0$.

Da dieses Verfahren etwas umständlich erschien, wurde ein neues Verfahren angewendet, das darin bestand, daß durch Ausschütteln des aus den Eiern erhaltenen Kolates mit Äther zunächst alles Fett[1]) entfernt wurde, worauf dann die durch viel Wasser entstehende Fällung leichter in ähnlicher Weise wie vorhin gewonnen werden konnte. Analyse: $C = 53{,}52\,^0/_0$; $H = 7{,}71\,^0/_0$; $N = 15{,}64\,^0/_0$; $O = 22{,}19\,^0/_0$; $S = 0{,}41\,^0/_0$; $P = 0{,}43\,^0/_0$; $Fe = 0{,}10\,^0/_0$.

Die Ausbeute betrug bis zu $8\,^0/_0$ des Rogens. Das Ichthulin war löslich in Säuren, Basen, Salzen, unlöslich in viel Wasser. Ebenso verlor es durch Liegen unter Wasser seine Löslichkeit in den vorhin genannten Stoffen. Gegen Lackmus verhielt es sich wie eine Säure.

Aus der zum Ausschütteln verwendeten Ätherschicht wurde noch ein Eiweißkörper isoliert, der wahrscheinlich ein verunreinigtes Ichthulin darstellte.

Durch die Einwirkung künstlichen Magensaftes auf das Vitellin wurde Paranuclein in einer Ausbeute bis zu $4\,^0/_0$ des Vitellins erhalten. Bei der Analyse dieses Körpers wurden folgende Werte gefunden:

C	H	N	S	P	O (+Fe)
$47{,}98\,^0/_0$	$7{,}18\,^0/_0$	$14{,}66\,^0/_0$	$0{,}30\,^0/_0$	$2{,}42\,^0/_0$	$27{,}46\,^0/_0$

Bei der künstlichen Verdauung von Karpfeneiern trat auch Lecithin auf; doch konnte bei der Verdauung des Ichthulins kein Cholin, der Bestandteil des Lecithins, gewonnen werden. Es wurde ferner ein Stoff erhalten, der Fehlingsche Lösung reduzierte, so daß Zucker vorhanden zu sein schien. Dieser wurde auch mit Phenylhydrazin in krystallinischer Form erhalten (doppeltbrechende Krystallnadeln, zu strahlig angeord neten Büscheln vereinigt).

Ein Ichthulin aus Kabeljaueiern gewann P. A. Levene[2]) auf folgende Weise: Die Eier wurden mit Sand verrieben, aus-

---

[1]) Nach unseren Versuchen konnte nur ein Teil des Fettes auf diese Weise ausgeschüttelt werden.

[2]) Zeitschr. f. physiol. Chem. 32, 281, 1901.

gepreßt und die Flüssigkeit mit $5\,^0/_0$ Chlorammonlösung versetzt, alsdann mit Äther ausgeschüttelt und durch Verdünnen mit Wasser (20 fache Menge) das Ichthulin niedergeschlagen. Durch abermaliges Lösen in Chlorammonium, durch Ausfällung und mehrmalige Wiederholung des Verfahrens, bis in der ausgefällten Flüssigkeit die Biuretreaktion nicht mehr eintrat, wurde der Stoff gereinigt. Eine Analyse ergab die Zusammensetzung des mit Alkohol und Äther entfetteten Proteins: $C = 52,44\,^0/_0$; $H = 7,45\,^0/_0$; $N = 15,96\,^0/_0$; $S = 0,92\,^0/_0$; $P = 0,65\,^0/_0$; $O\,(+\,Fe) = 22,58\,^0/_0$.

Das Kabeljau-Ichthulin spaltete bei der Hydrolyse kein Kohlenhydrat ab; es wurde aber eine Substanz gewonnen, die in ihren Eigenschaften der Vitellinsäure[1] ähnlich war. Analyse: $C = 32,56\,^0/_0$; $H = 6,00\,^0/_0$; $N = 14,03\,^0/_0$; $S = 0,146\,^0/_0$; $P = 10,34\,^0/_0$.

Bei der Analyse der Eier des Schellfisches fanden P. A. Levene und J. A. Mandel[2] eine Substanz[3], aus der durch Hydrolyse u. a. Purin und Pyrimidinbasen entstanden. Von den letzteren wurden jedoch nur Cytosin und Uracil gefunden. Ferner wurde der Rogen auf Nucleinsäure verarbeitet, die durch wiederholtes Lösen und Fällen aber nicht biuretfrei erhalten werden konnte. Die Orcinprobe war positiv, und beim Erhitzen mit verdünnten Mineralsäuren wurden Purinbasen erhalten. Die Analyse des Cu-Salzes ergab folgende Werte: $N = 13,28\,^0/_0$, $P = 7,71\,^0/_0$, Asche $= 25,43\,^0/_0$.

Die Zusammensetzung der kupferfreien Substanz war also: $N = 14,24\,^0/_0$, $P = 8,35\,^0/_0$.

Es wurde vermutet, daß eine Mischung von Ichthulinsäure mit Nucleinsäure vorlag (Biuretreaktion!).

Analyse der Purinbasen (40 g der Cu-freien Substanz), Guanin als Sulfat:

$0,1375$ g gaben $0,1361$ g CO_2 und $0,0525$ g H_2O.

---

[1] Vitellinsäure wurde von Levene und Alsberg aus Hühnereivitellin durch Behandlung mit Ammoniak dargestellt. Zeitschr. f. physiol. Chem. **31**, 543, 1901.

[2] Über die Nucleinkörper der Eier des Schellfisches. Zeitschr. f. physiol. Chem. **49**, 262, 1907.

[3] Wahrscheinlich Ichthulin.

Berechnet für
$(C_5H_5N_5O)_2 . H_2SO_4 . 2H_2O$:

Gefunden:

$C = 27{,}75\,\%$ $C = 27{,}52\,\%$

$H = 3{,}68\,\%$ $H = 4{,}28\,\%$

Berechnet für Adenin
(freie Base):

Gefunden:

$N = 57{,}85\,\%$ $N = 51{,}94\,\%$.

Pyrimidinbasen (38 g des Cu-Salzes).

Es wurde 1 g Uracil gewonnen, aus $1\,\%$iger Schwefelsäure umkrystallisiert für $C_4H_4N_2O$ gefunden: $C = 43{,}30\,\%$ berechnet $42{,}82\,\%$), $H = 3{,}91\,\%$ (berechnet $3{,}59\,\%$). Das Cytosin, als Pikrat gewonnen, wurde in das Chloroplatinat übergeführt, $(C_4H_5N_3O)_2PtCl_4 . 2HCl$; gefunden $30{,}10\,\%$, berechnet $30{,}84\,\%$ Pt.

Beim Versuch, das Silbersalz der Lävulinsäure darzustellen, wurde nur ein sehr geringer Niederschlag erhalten, der nicht weiter untersucht werden konnte.

Einen eigenartigen Eiweißkörper, das sog. „Percaglobulin", fand Carl Th. Mörner in den Eiern des Barsches[1]. Dieser Körper füllte einen Teil der Ovarialhöhle aus und machte wegen seines „adstringierenden" Geschmackes Kaviarpräparate aus Barschrogen ungenießbar. Die Substanz fiel mit viel Wasser aus, war aber in verdünnter Chlornatriumlösung wieder löslich[2].

Dieses Percaglobulin besitzt außer seinem eigenartigen Geschmack noch die Eigenschaften der Fällbarkeit mit Salzsäure und gewissen Glykoproteiden und Polysacchariden. Mit Ovomucoid soll sich eine Verbindung bilden, in der sich das Percaglobulin den Gewichtsmengen nach zum Mucoid wie 1 zu 0,22 verhält. Dieses Additionsprodukt, dessen Entstehung als Reaktion auf die beiden Komponenten benutzt werden kann, erwies sich als unlöslich in Wasser und den meisten Salzlösungen, leicht löslich in Säuren, Basen und merkwürdigerweise Bariumsalz-, ferner Glycerin- und Zuckerlösung. Auch

---

[1] Percaglobulin, ein charakteristischer Eiweißkörper aus dem Ovarium des Barsches. Zeitschr. f. physiol. Chem. **40**, 429, 1903/04.

[2] Eine Lösung kann man nach Mörner dadurch erhalten, daß man frische Ovarien zweimal mit $^n/_{10}$-Chlornatriumlösung gleichen Gewichts je 10 Minuten extrahiert. Die filtrierte Lösung enthält dann ca. $0{,}74\,\%$ Percaglobulin, $0{,}96\,\%$ Gesamteiweiß.

mit Glykogen, Pflanzenschleim und Stärkekleister wurden Niederschläge erhalten, die sich ähnlich verhielten.

Das Percaglobulin ging beim Ausfällen oder Konzentrieren sehr leicht in Percaglobulan über, das, unlöslich in Neutralsalzlösungen, sich in Bariumlösungen doch leicht löste, ferner in äußerst verdünnter Salzsäure oder Lauge und in zucker- oder glycerinhaltigen Flüssigkeiten.

Durch Kochen oder Behandeln mit starker Säure oder Lauge verliert das Percaglobulin seinen Geschmack.

Seine Funktion hängt vielleicht mit der eigentümlichen Eiablage des Barschweibchens zusammen. Soll doch dieses beim Laichen den Bauch gegen einen scharfen Gegenstand pressen, um das Ende der Eimasse zu befestigen, alsdann einen raschen Sprung machen, so daß die ganze Rogenhülse, die bis zu $1^1/_2$ m Länge messen kann, auf einmal herausläuft und hängen bleibt. Nun fand Hammarsten[1]), daß vollreife Barschrogen weniger Mucin enthalten als unreife, also verbindet sich vielleicht ein Teil des Mucins mit dem Percaglobulin zur Befestigung der Eihüllen.

In biologischer Hinsicht unterscheidet sich nach H. Kodama[2]) das Eiweiß des Störkaviars scharf von dem anderer Fischrogen, so daß es mit Hilfe der Präcipitations-, Komplementbindungsreaktion und des Anaphylaxieversuches leicht gelingt, Mischungen der einzelnen Rogen miteinander nachzuweisen. Die präcipitinogenen Eigenschaften der Rogenproteine gehen jedoch beim Erhitzen, bei den einzelnen Rogen verschieden rasch, verloren. Auch eine Verschiedenheit des Fischfleischalbumins vom Eialbumin läßt sich auf obigem Wege nachweisen.

Die nach oben beschriebenen Verfahren (S. 41 u. ff.) von uns aus Fischrogen und Kaviar gewonnenen lufttrockenen Proteine prüften wir zunächst auf ihren Gehalt an Sticktoff, Phosphor und Schwefel, während eine gleichzeitige Aschen- und Wasserbestimmung die Umrechnung der erhaltenen Werte auf organische Trockensubstanz ermöglichte:

---

[1]) Zur Chemie des Fischeies. Chem. Centralbl. 1905, II; Skand. Arch. f. Physik **17**, 113 bis 132. 5. IV.

[2]) Arch. f. Hygiene **78**, 247 bis 259, 1913.

Im lufttrockenen Protein:

Protein	Stick-stoff %	Phos-phor %	Schwe-fel %	Wasser %	Asche %
Ichthulin Hering	12,95	1,29	1,26	12,58	4,47
" Karpfen . . .	13,51	0,48	0,82	13,75	1,74
" Saibling . . .	14,18	0,70	0,86	7,97	1,35
" Kabeljau . . .	14,56	0,64	1,05	8,02	0,87
" Dorschkaviar .	12,80	0,56	1,69	11,61	3,88
" Elbkaviar . .	15,02	0,83	0,65	7,46	0,58
" Astrachankaviar	13,61	1,00	0,96	9,29	0,96
Albumin[1] Hering	14,02	0,95	1,31	7,47	2,67
" Kabeljau . . .	14,25	0,31	1,17	6,62	1,10
" Dorschkaviar .	8,16	0,11	1,71	4,01	4,55
" Elbkaviar . .	12,94	0,19	1,59	9,62	1,05
" Astrachankaviar	11,45	0,44	1,64	1,47	1,72
Eischalen Saibling . . .	14,31	0,13	0,72	8,40	(1,17)[2]
Eihäute Kabeljau . . .	13,72	0,76	0,91	(9,27)[2]	3,00
Ichthulin (Mittel) . . .	13,80	0,79	1,04	10,10	1,98
Albumin (Mittel)[3] . .	14,14	0,40	1,24	7,05	1,94

Im wasser- und aschefreien Protein:

Protein	Stickstoff %	Phosphor %	Schwefel %
Ichthulin Hering	15,52	1,56	1,55
" Karpfen	15,95	0,56	0,96
" Saibling	15,63	0,78	0,95
" Kabeljau . . .	15,99	0,71	1,15
" Dorschkaviar . .	15,15	0,67	2,00
" Elbkaviar . . .	16,33	0,90	0,71
" Astrachankaviar	15,16	1,11	1,07
Albumin Hering	15,60	1,05	1,46
" Kabeljau . . .	15,44	0,34	1,28
" Dorschkaviar . .	8,92	0,12	1,91
" Elbkaviar . . .	14,73	0,21	1,75
" Astrachankaviar	11,83	0,46	1,70
Eischalen Saibling	15,82	0,14	0,80
Eihäute Kabeljau . . .	15,64	0,84	1,03
Ichthulin (Mittel) . . .	15,70	0,89	1,18
Albumin (Mittel) . . .	15,52	0,44	1,37

Der nicht unbedeutende Phosphorgehalt der Proteine deutet auf das Vorhandensein von Nucleinsäuren hin. Da es uns nun nicht ausgeschlossen erschien, daß auch die Fischeier wie das

---

[1] Das Albumin aus den Kaviarsorten lag nur in geringer Menge vor und war mit anderen Stoffen verunreinigt.

[2] Einschließlich Fett (0,74% bzw. 1,90%).

[3] Albumin aus Rogen mit Ausschluß des Kaviaralbumins. Vgl. Anm. 1.

Sperma Protamine enthalten könnten, suchten wir diese auf gleiche Weise wie beim Sperma zu isolieren. Zur Untersuchung dienten die Ichthuline von Hering und Karpfen und das Albumin von Heringseiern mit folgendem Ergebnis:

Substanz	Menge des Proteins (luft-trocken) g	Stickstoffgehalt desselben		Ex-trahiertes „Prot-amin" g	Darin Stickstoff %
		vor der Ex-traktion %	nach der Ex-traktion %		
Ichthulin Hering . .	20	15,52	15,41	0,0910	15,0
„ Karpfen . .	50	15,95	16,18	0,0175	8,6
Albumin Hering . .	25	15,60	14,97	0,1310	11,8

Ferner wurden noch 50 g Kaviar-Ichthulin nach vorstehendem Verfahren extrahiert; sie lieferten nur 0,3095 g extrahiertes „Protamin", das nur 0,0102 g Stickstoff ($= 3,3\,^0/_0$) enthielt.

Nach diesen Versuchen ist also durch $1\,^0/_0$ige Schwefelsäure ausziehbares Protamin im Ichthulin im Gegensatz zur Spermasubstanz nicht vorhanden. Die isolierten geringen Proteinmengen sind wahrscheinlich durch die Behandlung mit Säure gebildete Syntonine, verunreinigt durch sonstige Stoffe (Glykogen?).

Immerhin schien es mit Rücksicht auf die obenerwähnte Theorie A. Kossels[1]) über die Bildung der Proteine von Bedeutung, auf die Spaltungsprodukte der Proteine des Fischeies, insbesondere die basischen Bestandteile (Xanthinbasen, Hexonbasen) eingehender zu prüfen.

Um die bei der Hydrolyse der Proteine gebildeten Aminosäuren voneinander zu trennen, bediente sich E. Fischer[2]) der gebrochenen Destillation der Ester der Aminosäuren im Vakuum. Dieses Verfahren ist qualitativ und quantitativ das beste zur Isolierung der Monoaminosäuren, es verlangt aber zur erfolgreichen Durchführung größere Proteinmengen als Ausgangsmaterial und ist umständlich. Zur Abscheidung der Diamino-

---

[1]) Vgl. S. 17.

[2]) Zeitschr. f. physiol. Chem. **33**, 153, 1901, u. folg. Bde. Vgl. J. König, Nahrungsmittelchemie III, 1. Tl.; E. Abderhalden, Handb. d. biochem. Arbeitsmethoden 2, 472, 1909; C. Oppenheimer, Handb. d. Biochemie 1, 357, 1908.

säuren (Hexonbasen) aus Eiweiß dient ein von A. Kossel[1]) angegebenes Verfahren, das auf der Abscheidung derselben durch Phosphorwolframsäure aus schwefelsaurer Lösung nach vorheriger Hydrolyse mit verdünnter Schwefelsäure beruht.

Unsere Arbeitsweise war folgende:

Eine gewogene Menge Protein wurde mit der 10 fachen Menge $33\,^0/_0$ iger Schwefelsäure (sowie einige Proteine zum Vergleiche mit Salzsäure durch 6 stündiges Kochen) während 14 Stunden hydrolysiert, die Hydrolysenflüssigkeit auf ein bekanntes Volumen aufgefüllt und in einem aliquoten Teil Gesamtstickstoff, Aminosäurenstickstoff (Formolstickstoff) und Ammoniak bestimmt[2]), wobei sich nachfolgende Mengen ergaben:

Protein	Gesamt-stickstoff (nach Kjeldahl) g	Gesamter Formol-stickstoff g	Davon Am-moniak-stickstoff (mit MgO) g	In Prozent des Ges.-Stickstoffs	
				Formol-stickstoff	Am-moniak-stickstoff
Ichthulin Hering	1,167	(0,706)[3])	(0,03)	(60,4)	(2,7)
„ Karpfen	3,690	(2,97)	(0,13)	(80,5)	(3,3)
„ Kabeljau	11,305	9,41	0,76	83,4	6,7
„ Saibliug	10,965	8,85	0,68	80,5	6,2
„ Dorschkaviar	2,344	1,90	0,16	81,2	7,0
„ Astrachankaviar	4,670	3,99	0,46	85,3	10,0
„ Elbkaviar	6,371	5,14	0,64	80,7	10,0
Albumin Hering	1,148	(0,79)	(0,02)	(69,6)	(1,7)
„ Kabeljau	3,630	3,10	0,16	85,4	4,4
„ Elbkaviar	1,390	1,19	0,11	85,6	7,9
Eischalen Hering	0,378	(0,37)	(0,04)	(97,0)	(1,5)
„ Karpfen	4,613	3,90	0,40	84,5	8,6
Mit Salz-säure hydro-lysiert ⎰ Ichthulin Kabeljau	6,862	4,89	0,48	71,3	6,9
„ Saibling	2,828	1,97	0,17	74,9	6,6
Albumin Hering	2,420	1,86	0,12	76,9	4,9
Eihäute Kabeljau	6,768	4,52	0,41	66,7	6,0

Unter Berücksichtigung der vier mit Salzsäure ausgeführten Hydrolysen ergibt sich die Tatsache, daß bei der Hydrolyse mit Schwefelsäure mehr Aminosäuren gebildet wurden als mit Salzsäure. Es ist also anzunehmen, daß in letzterem Falle die Hydrolyse weniger vollständig verlief. Immerhin zeigen die gefundenen Werte, daß bei weitem den Hauptbestandteil

---

[1]) Zeitschr. f. physiol. Chem. **31**, 165, 1900/01. Vgl. J. König, l. c.

[2]) Vgl. bei Sperma, S. 31.

[3]) Die eingeklammerten Zahlen sind, da eine zu geringe Menge Lösung, die für andere Bestimmungen fast aufgebraucht war, zur Untersuchung vorlag, unsicher.

der untersuchten Proteine Monoaminosäuren bilden, da sich der nicht mit Formol titrierbare Stickstoff außer auf Hexonbasen auch noch auf den sog. Huminstickstoff erstrecken kann.

Einen aliquoten Teil der mit Schwefelsäure ausgeführten Hydrolysenflüssigkeiten erwärmten wir alsdann mit Bariumcarbonat bis zur alkalischen Reaktion, nutschten ab und erschöpften die Barytmassen mit heißem Wasser, bis die Diazoreaktion verschwand.

Das gelöste Barium wurde alsdann mit möglichst wenig Ammoniumcarbonat ausgefällt, die Lösung mit Schwefelsäure neutralisiert und in der Siedehitze mit alkalifreiem Kupferbisulfit ausgefällt. Der Niederschlag, der die Xanthinbasen enthielt, wurde alsdann in beschriebener Weise (vgl. S. 23) weiter verarbeitet. Bezüglich der erhaltenen Mengen sei auf die unten folgende Tabelle verwiesen. Die Ichthuline von Herings-[1]) und Karpfen- sowie Saiblingsrogen ergaben eine Menge Xanthinbasen, die für eine genauere Untersuchung ausreichten.

0,0275 g Xanthinbasen aus Herings-Ichthulin enthielten 0,01135 g, entsprechend $41,2\,{}^0/_0$ Stickstoff (Xanthin verlangt 36,9, Hypoxanthin $41,2\,{}^0/_0$), ein weiterer Teil gab, mit Salpetersäure zur Trockne verdampft und mit Natronlauge betupft, Rotfärbung.

0,0225 g Xanthinbasen aus Karpfen-Ichthulin enthielten 0,00812 g Stickstoff, entsprechend $36,1\,{}^0/_0$.

0,2055 g Xanthinsilber aus Saiblingsrogen hinterließen im Porzellantiegel verascht 0,1155 g Silber (ber. 0,1152); dieses wog, in Chlorsilber übergeführt, 0,1465 g (ber. 0,1521 g); 0,1135 g desselben Xanthinsilbers ergaben, nach Kjeldahl verbrannt, 0,01891 g Stickstoff (ber. 0,01657). Mit Salpetersäure abgeraucht und mit Natronlauge behandelt, trat schön rotviolette Färbung auf. Diese wurde auch in den Xanthinstoffen aus Dorschkaviar- und Störkaviar-Ichthulin beobachtet.

Das Filtrat vom Xanthinkupfer wurde alsdann durch Schwefelwasserstoff vom Kupfer und durch Erwärmen mit Bariumcarbonat von der schwefligen Säure befreit, wobei ein

---

[1]) Die Xanthinbasen aus Herings- und Karpfen-Ichthulin wurden zunächst mit Phosphorwolframsäure abgeschieden und die abgeschiedenen Basen mit Kupferbisulfit weiter behandelt.

Teil des Bariums in Lösung ging. (Bildung von Bariumsalzen der Aminosäuren.)

Die Lösung schied beim Einengen bis zur beginnenden Krystallisation nach mehrtägigem Stehen Krystalle von Aminosäuren ab; diese wurden abfiltriert, mit etwas Alkohol und Äther gewaschen und nach Habermann und Ehrenfeld[1]) mit einem Gemisch aus gleichen Teilen Eisessig und Alkohol $(95^0/_0)$ bis zum Aufwallen gekocht, dann rasch abfiltriert und mit obiger Mischung nachgewaschen.

Der Rückstand löste sich leicht in heißem Ammoniak und schied daraus nach dem Erkalten nadelförmige Büschel (vgl. Fig. 11, Tafel II) ab. Getrocknet besaßen diese Krystalle charakteristischen Seidenglanz und gaben gelöst mit Natriumcarbonat und Diazobenzolsulfosäure intensive Rotfärbung. Beim Erhitzen einer Probe im Röhrchen trat der Geruch nach verbranntem Horn auf, während gleichzeitig Zersetzung eintrat. Beim Erwärmen mit Millons Reagens entstand Rotfärbung und nach einiger Zeit eine Abscheidung. Einige Krystalle wurden in konz. Schwefelsäure gelöst, die Lösung wurde $^1/_2$ Stunde bei Wasserbadtemperatur gehalten, mit Wasser verdünnt, durch Bariumcarbonat neutralisiert und konzentriert; sie zeigte, mit einer Spur Eisenchlorid versetzt, Violettfärbung (Pirias-Probe). Mit Formalin und der 50fachen Menge Schwefelsäure trat nach einigen Augenblicken weinrote Färbung ein, die durch Kochen mit Eisenchlorid in Grün überging [Denigès-Probe[2])]. Einige Kryställchen, in siedendem Wasser gelöst und mit wenig $(1^0/_0)$ Essigsäure versetzt, färbten sich beim Kochen auf tropfenweisem Zusatz von Natriumnitritlösung schön rot [Wursters-Probe[3])]. Ferner entstand beim Erwärmen mit konz. Salpetersäure eine schön gelbe Lösung, die auf Zusatz von Natronlauge in Orange überging (Xanthoproteinreaktion).

Aus allen diesen Reaktionen geht hervor, daß der abgeschiedene Körper Tyrosin[4]) war, dessen Menge durch Wägen ermittelt wurde[5]).

---

[1]) Zeitschr. f. physiol. Chem. **37**, 24, 1902.

[2]) Compt. rend. **130**, 583, 1900.

[3]) Centralbl. f. Physiol. **1**, 193, 1888.

[4]) Nach der Krystallform das auch sonst aus Proteinen entstehende aktive l-Tyrosin.

[5]) Nach E. Abderhalden und D. Fuchs kann man l-Tyrosin

Die Mutterlauge von den Tyrosinkrystallisationen gab mit alkalischer Bleilösung gekocht, Schwärzung, wodurch die Anwesenheit von Cystin wahrscheinlich wurde. Dieses läßt sich nach Embden[1]) durch verdünnte Salpetersäure oder nach Friedmann[2]) durch Behandlung mit heißem $10^0/_0$igem Ammoniak vom Tyrosin trennen[3]), doch gelang es uns nicht, die charakteristischen Krystalle des Cystins (6seitige Tafeln) zu erhalten, da es jedenfalls in zu geringer Menge vorhanden war.

Die in Eisessig-Alkohol löslichen Aminosäuren wurden auf dem Wasserbade zur Trockne verdampft und der Rückstand aus alkoholischem Ammoniak krystallisieren gelassen. Die abgeschiedenen Krystalle zeigten unter dem Mikroskop teils das Aussehen zarter dünner Blättchen, mitunter zu Drusen angeordnet (vgl. Fig. 12, Tafel II), teils von weißen knollenartigen Gebilden, Formen, die dem Leucin eigen sind. Beim Erhitzen im Röhrchen sublimierte der Stoff fast völlig unter Verbreitung eines eigentümlichen, widrigen Geruches (Amylamin). Bei einem Protein (Eischalen von Karpfen) wurde eine Trennung des Leucins von seinen Homologen durch Überführung in das Kupfersalz und Behandlung desselben mit Methylalkohol versucht, wobei sich dasselbe zum Teil als löslich darin erwies; doch wiesen die aus dem Kupfersalz wieder hergestellten freien Aminosäuren in der Krystallform keine charakteristischen Unterschiede auf[4]).

---

durch einfache Krystallisation fast quantitativ (95 bis $99^0/_0$) aus Aminosäurenlösungen gewinnen, wenn man die Krystallisation so lange fortsetzt, bis in der Mutterlauge die Millonsche Probe nicht mehr eintritt, und wenn man durch Fällung mit Phosphorwolframsäure Sorge trägt, daß sich nicht leichtlösliche Tyrosinverbindungen mit den basischen Spaltungsprodukten der Proteine (z. B. Lysin) bilden, indem man gleichzeitig säure- und ammoniakhaltige Laboratoriumsluft (am besten durch Einengen der Mutterlauge im Vakuum) abhält. Dagegen liefert die colorimetrische Methode von Folin und Denis (Journ. of Biolog. Chem. 12, 245, 1912) bedeutend zu hohe Werte. Zeitschr. f. physiol. Chem. 83, 468 bis 473, 1913.

[1]) Zeitschr. f. physiol. Chem. 32, 94, 1901.

[2]) Beiträge z. chem. Physiol. u. Pathol. 3, 15, 1903.

[3]) Auch Phosphorwolframsäure, die das Cystin allmählich krystallinisch fällt, kann nach Winterstein (Zeitschr. f. physiol. Chem. 34, 153, 1902) zur Abscheidung dienen.

[4]) Von den Kupfersalzen der Leucin-Homologen sind Isoleucin-

Aus der Mutterlauge von der Tyrosin-Leucin-Krystallisation schieden wir nach dem Verdünnen und der Zugabe von 5% Schwefelsäure mit Phosphorwolframsäure die Hexonbasen ab, die wir nach Entfernung des gemeinsamen Fällungsmittels nach Kossel und Kutscher[1]) voneinander trennten.

Nach Zugabe von Silbersulfat oder Silbernitrat, bis eine Tüpfelprobe mit Barytwasser einen gelben Niederschlag zeigte, wurde die Lösung mit gepulvertem Baryt bis zur Sättigung versetzt, wodurch Arginin und Histidin als Silbersalze ausfielen, Lysin in Lösung blieb.

Zur Trennung des Histidins vom Arginin wendete Kossel anfangs Mercurichlorid an[2]), welches Verfahren sich aber als nicht quantitativ erwies. In den folgenden Jahren haben Kossel und Kutscher ein Verfahren bekannt gegeben, das auf der fraktionierten Fällung mit Silbernitrat und Baryt beruht und eine quantitative Trennung ermöglicht. Auf noch einfachere Weise erzielt man dieselbe durch Silbernitrat und Bariumcarbonat, wodurch Histidin vollständig, Arginin nicht gefällt wird. Mit Rücksicht auf diese Tatsachen verfuhren wir daher nach F. Weiß[3]) in folgender Weise:

Die mit verdünnter Schwefelsäure und Schwefelwasserstoff von Baryt und Silber befreiten Basen wurden mit Bariumnitrat versetzt, solange noch ein Niederschlag entstand, dann wurde mit Bariumhydroxyd fast neutralisiert (bis zur schwachsauren Reaktion), eine ausreichende Menge Silbernitrat und aufgeschwemmtes Bariumcarbonat im mäßigen Überschuß zugegeben, anfangs im Wasserbade angewärmt, weiter auf freier Flamme aufgekocht und nach dem Erkalten filtriert. Der

---

kupfer und Valinkupfer in Methylalkohol löslich (etwa 1:50 bis 1:60). Diese können nach Levene und Slyke (Journ. of Biolog. Chem. 6, 395, 1909; vgl. C. Neuberg, Der Harn, S. 590 u. 598) durch Bleiacetat und Ammoniak nach bestimmter Vorschrift voneinander getrennt werden. Das Phenylalanin läßt sich nach E. Fischer (Zeitschr. f. physiol. Chem. **33**, 151, 1901) noch in Mengen von 0,02 g, in verdünnter Schwefelsäure gelöst und mit etwas Kaliumbichromat gekocht, durch den sehr deutlichen Geruch nach Phenylacetaldehyd nachweisen.

[1]) Zeitschr. f. physiol. Chem. **31**, 165, 1900/01.
[2]) Ebenda **22**, 176, 1896/97.
[3]) Zeitschr. f. physiol. Chem. **52**, 107, 1907.

Niederschlag enthielt das Histidin als Silbersalz, das Filtrat das Arginin.

Das Histidin wurde sodann mit Schwefelwasserstoff in schwefelsaurer Lösung, Bariumhydroxyd und Kohlensäure in üblicher Weise in die freie Base und diese durch Neutralisation mit Salzsäure in das Chlorid übergeführt und als solches ge-wogen. Das Chlorid besaß, umkrystallisiert, das Aussehen dünner rhombischer Blättchen (vgl. Fig. 13, Tafel II). Die Base gab die für Histidin charakteristischen Reaktionen, insbeson-dere auch intensive Rotfärbung mit Diazobenzolsulfosäure und Natriumcarbonat[1]).

Das Arginin wurde in vollständig analoger Weise wie das Histidin in die freie Base und diese in das Nitrat übergeführt, das in feinen Nädelchen, teilweise zu Drusen angeordnet, krystallisierte. Diese Verbindung wurde gewogen und dann mit Kupferhydroxyd in wässeriger Lösung gekocht, worauf aus der tiefblauen Lösung nach dem Einengen und Erkalten das Argininkupfernitrat in Drusen aus kleinen blauen Prismen krystallisierte.

Das durch Silbersalz und Baryt nicht gefällte Lysin wurde durch etwas Salzsäure vom Silber, durch Schwefelsäure vom Barium befreit und aus 5%iger schwefelsaurer Lösung durch Phosphorwolframsäure gefällt; der Niederschlag wurde in mehrfach beschriebener Weise zerlegt, die freie Base und aus dieser durch Anrühren mit einer alkoholischen gesättigten Pikrinsäurelösung, unter Vermeidung eines Überschusses, das Pikrat dargestellt, abfiltriert und gewogen.

Einen weiteren Blick in den Bau der Fischrogen-Proteine gewährten einige mit Salzsäure ausgeführte Hydrolysen, von denen oben bereits die Rede war[2]). Durch Sättigung der

---

[1]) Tyrosin gibt, wie erwähnt, eine ähnliche Reaktion, die aber nach vorherigem Schütteln mit überschüssigem Benzoylchlorid nicht mehr eintritt, während die Histidinreaktion hierdurch nicht beeinträchtigt wird. Da ferner im Proteinmolekül gebundenes Histidin die Reaktions-fähigkeit mit Diazobenzolsulfosäure nach Behandlung mit Benzoylchlorid verliert, hat man in der Diazoreaktion in Verbindung mit der Benzoylierung ein einfaches Mittel, um freies Histidin in einer Flüssigkeit nachzuweisen. K. Inouye, Zeitschr. f. physiol. Chem. **83**, 79, 1913.

[2]) Siehe obige Tabellen S. 64.

Hydrolysenflüssigkeit mit Chlorwasserstoff und Abkühlen im Eisschrank ließ sich sowohl vor wie nach Behandlung mit Tierkohle keine Glutaminsäure gewinnen. Ebenso verlief ein Versuch, Glykokoll als Esterchlorhydrat darzustellen, erfolglos[1]). Auf Asparaginsäure prüften wir in der Weise, daß wir mit Bariumhydroxyd die Aminosäurenlösung alkalisch machten und mit einem mehrfachen Überschuß von Alkohol ausfällten. Die abgeschiedenen Barytsalze wurden alsdann in das Kupfersalz übergeführt und zur Krystallisation hingestellt. Nach mehrwöchentlichem Stehen trat auch hier keine Abscheidung von asparaginsaurem Kupfer ein[2]).

Außer diesen Amino- und Diaminosäuren kommen unter den Spaltungsprodukten nucleinsäurehaltiger Proteine noch die Pyrimidinderivate: Cytosin (6-Amino-2-Oxypyrimidin), Uracil (2,6-Dioxypyrimidin) und Thymin (5-Methyl-2,6-Dioxypyrimidin) vor. Von diesen wurden, wie erwähnt, von Levene und Mandel[3]) aus Schellfisch-Ichthulin Cytosin und Uracil gewonnen, doch ist anzunehmen, daß sie auch in anderen Fischrogen in weiter Verbreitung vorhanden sind.

Die genannten Pyrimidinderivate sind in kaltem Wasser schwerlöslich, werden durch Silbernitrat und Barytwasser[4]) oder durch ammoniakalische Silberlösung sowie durch Mercurisulfat vollständig gefällt. Sie geben die Reaktion mit Diazobenzolsulfo-

---

[1]) Es schieden sich zwar beim Einleiten von Chlorwasserstoff in die Lösung der Aminosäuren in abs. Alkohol Kryställchen ab, die aber reguläre Form besaßen und aus Ammoniumchlorid bestanden. Immerhin ist zu berücksichtigen, daß besagte Glykokollverbindung eine gewisse Löslichkeit in Alkohol besitzt, so daß nur auf die Abwesenheit größerer Mengen desselben geschlossen werden kann.

[2]) Außer darin, daß keine oder wenig Asparaginsäure in dem Protein vorhanden war, kann dieses seinen Grund in ungenügender Hydrolyse (vgl. S. 69) oder ebenfalls in dem weniger vollkommenen Abscheidungsverfahren haben. Zur sicheren Entscheidung dieser Frage dürfte das Ester-Destillationsverfahren von E. Fischer Bedeutung besitzen. Vgl. auch den Befund Hugounenqs in dem „Albumin-Clupeorin" S. 56.

[3]) Zeitschr. f. physiol. Chem. 49, 262, 1907, vgl. S. 59.

[4]) Auch Leucin, Asparaginsäure u. a. Aminosäuren fallen nach Kutscher (Zeitschr. f. physiol. Chem. 38, 116, 1903) hierdurch aus, lösen sich aber im Überschuß des Baryts im Gegensatz zu den Pyrimidinderivaten (sowie Histidin, Arginin und Xanthinbasen).

säure teils in soda-, teils in natronalkalischer Lösung. Phosphorwolframsäure fällt nur das Cytosin[1]). Eine Trennung des Uracils vom Thymin gibt T. B. Johnson[2]) an.

Eine gedrängte Übersicht über die von uns aus den Fischrogen-Proteinen durch Hydrolyse mit Schwefelsäure gewonnenen Aminosäuren und Basen gibt folgende Tabelle:

Protein	Angewendete Menge (N × 6,25) g	Tyrosin %	Sonstige Aminosäuren[3]) %	Histidin %	Arginin %	Lysin %	Xanthinbasen[4]) %	Isolierte Aminosäuren %
Ichthulin aus Saiblingsrogen .	59,25	2,8	2,5	0,54	0,41	0,01	0,37	6,6
„ „ Kabeljaurogen .	59,35	5,4	2,6	0,55	0,54	0,02	Spur	9,1
„ „ russ. Kaviar . .	23,35	5,5	7,1	0,47	0,97	0,01	0,08	14,1
„ „ Elbkaviar . . .	31,86	2,5	3,1	—	—	—	Spur	5,6
„ „ Dorschkaviar . .	10,85	3,5	5,7	0,69	0,42	0,02	0,38	10,0
Albumin aus Kabeljau	16,34	1,8	4,1	0,31	0,44	0,03	Spur	6,6
„ „ Elbkaviar	6,60	8,6	8,8	0,82	0,92	0,07	„	19,2

Außer in diesen Proteinen wurde das Vorhandensein von Tyrosin und Leucin in den Eischalen von Karpfen sowie im Ichthulin von Karpfen festgestellt; letzteres enthielt auch Glutaminsäure[5]). Herings- und Karpfen-Ichthulin lieferten ferner an Xanthin basen 0,66 bzw. 0,18 %. Das Herings-Albumin enthielt keine Xanthinbasen.

Es liegt auf der Hand, daß die gefundenen Werte, dem nicht quantitativen Verfahren entsprechend, nur Minimalwerte sein können; jedenfalls zeigen sie in Einklang mit den durch die Formoltitration erhaltenen Zahlen, daß die basischen

---

[1]) Das Cythosin erscheint also in der Histidinfraktion, aus der es durch Mercurisulfat getrennt werden kann. (Kossel und Steudel, Zeitschr. f. physiol. Chem. **38**, 50, 1903.)

[2]) Journ. of Biol. Chem. **4**, 407, 1908.

[3]) Soweit sie mit dem Tyrosin zusammen auskrystallisierten, in der Hauptsache: Leucin.

[4]) Die stark wechselnden Mengen lassen vermuten, daß die Xanthinbasen nicht dem Proteinmolekül angehörten, sondern bei ihrer Schwerlöslichkeit der Kaltwasserextraktion entgingen und somit nur eine Verunreinigung der Proteine darstellten.

[5]) Durch Einleiten von Chlorwasserstoff in das Filtrat vom Leucin gewonnen.

Spaltungsprodukte nur einen kleinen Teil des Proteinmoleküles ausmachen.

5. Fette, Säuren und Mineralstoffe.

Die in beschriebener Weise[1]) aus den Alkohol- und Ätherauszügen gewonnenen Fette der Fischrogen und Kaviarsorten wurden auf gleiche Weise wie das Fett aus Fischsperma auf Jodzahl, Verseifungszahl, Unverseifbares, Phosphor- und Stickstoffgehalt untersucht. Hierbei fanden wir folgende Zusammensetzung[2]):

Fett aus	Jodzahl ($^0/_0$ Jod)	Verseifungszahl (mg KOH auf 1 g Fett)	Angewendete Menge Fett g	Unverseifbares Cholesterin g	$^0/_0$	Lecithin				
						Phosphorgehalt		Diolein-Lecithin $^0/_0$	Stickstoffgehalt	
						angewendete Menge Fett g	Phosphorsäure g		gefunden $^0/_0$	berechnet $^0/_0$
Saiblingsrogen . .	128,3	181,8	42,70	2,7840	6,52	7,150	0,2597	41,10	0,81	0,71
Karpfenrogen . . .	78,9	186,9	30,03	3,3000	10,98	3,167	0,1659	59,19	1,22	1,09
Heringsrogen . . .	123,1	230,6 (?)	11,05	0,7670	6,94	1,730	0,0667	43,61	0,81	0,73
Kabeljaurogen . .	148,4	176,1	44,65	5,3790	12,05	6,695	0,2083	35,19	0,95	0,60
Russ. Kaviar . . .	133,9	187,1	31,44	1,2420	3,91	6,020	0,0568	10,67	0,38	0,19
Elbkaviar	107,6	191,4	13,62	0,5925	4,35	2,850	0,0325	12,92	0,29	0,23
Dorschkaviar . . .	164,4	175,3	6,43	0,9005	14,00	1,477	0,0013	0,96	0,37	0,02

Wie ersichtlich, sind die Fischrogenfette durch eine hohe Jodzahl und demgemäß einen hohen Gehalt an ungesättigten Fettsäuren ausgezeichnet. Sie weichen hierin, wie auch das Spermafett, nicht von den Fischölen[3]) ab. Merkwürdigerweise besaß aber das Fett aus Dorschkaviar gegenüber den anderen

---

[1]) Vgl. S. 41 u. ff.

[2]) Zum Vergleiche sei die Zusammensetzung des aus Hühnereiern gewonnenen Eieröls hier mitgeteilt (vgl. J. König, Die Untersuchung landwirtschaftlich und gewerblich wichtiger Stoffe 1906, 544): Verseifungszahl 184 bis 191; Jodzahl 69 bis 82; Unverseifbares 4,50$^0/_0$. Es enthält aus der von M. Gobley (Annal. chem. Pharm. 60, 275) mitgeteilten Zusammensetzung des Eidotters berechnet: 24,1$^0/_0$ Lecithin, 4,0$^0/_0$ Glycerinphosphorsäure, 1,0$^0/_0$ Cerebrin, 1,7$^0/_0$ Farbstoffe.

[3]) Vgl. König und Splittgerber, Bedeutung der Fischerei, S. 107 bis 111.

trotz seiner hohen Jodzahl eine feste Konsistenz, in die es, auch beim Erkalten, sich leicht zurückverwandelte.

Die Verseifungszahlen stimmen gleichfalls mit denen der Fischöle im großen ganzen überein.

Der nicht unbeträchtliche (bei den fettarmen Rogen am größten) unverseifbare Bestandteil besaß nach mehrmaliger Umkrystallisation aus Alkohol den Schmelzpunkt 150° (korr.). Die Krystalle bestanden aus sehr dünnen rhombischen Tafeln (vgl. Fig. 14), die sich auf dem Objektträger bei Zusatz von konzentrierter Schwefelsäure karminrot und dann violett färbten; durch Zusatz von Jod traten auch grüne und blaue Färbungen auf. Eine Lösung der Krystalle in Chloroform wurde auf Zusatz von konzentrierter Schwefelsäure blutrot bis purpurfarbig, in eine Schale ausgegossen, mit der Zeit blaugrün und gelb gefärbt; die Schwefelsäure zeigte deutliche grüne Fluorescenz (Salkowskis Probe[1]). Einige weitere Krystalle, in Chloroform gelöst, mit einigen Tropfen Essigsäureanhydrid und tropfenweise mit Schwefelsäure versetzt, durchliefen folgende Farbenskala: rosenrot-blau-grün (Liebermann-Burchardsche Probe[2]). Mit etwas Salpetersäure abgeraucht und warm mit Ammoniak betupft, färbte sich die Substanz rot. Da endlich bei der Krystallisation aus Eisessig sich schöne nadelförmige Krystalle bildeten, konnte mit Sicherheit geschlossen werden, daß der unverseifbare Anteil der Fette wesentlich aus Cholesterin bestand.

Wie ein Blick auf obige Tabelle zeigt, stehen Phosphor- und Stickstoffgehalt zueinander in naher Beziehung. Daß der letztere höher ist als der aus dem Phosphorgehalt berechnete, rührt ohne Zweifel daher, daß außer dem Lecithin noch andere ätherlösliche Stickstoffverbindungen (Cerebrin, Trimethylamin usw.) im Rogen vorhanden sind, von denen sich das Trimethylamin auch schon durch den Geruch verriet.

Der Gehalt der Fette aus Fischrogen an Lecithin errreicht also derartig hohe Werte, wie man sie bei anderen Fetten aus dem Tier- und Pflanzenreich bisher noch nicht beobachtet hat.

---

[1] Arch. f. d. ges. Physiol. 6, 207.

[2] Ber. d. Deutsch. chem. Ges. 18, 1804, 1885. — Burchard, Diss. Rostock 1889.

Diese bemerkenswerte Tatsache dürfte in Zukunft für die Lecithin-Herstellung von einiger Bedeutung werden, zumal billige Fischrogen in großen Mengen[1]) zur Verfügung stehen.

Die Bestimmung der freien Säuren im Kaviar und Fischrogen erfolgte nach dem bei Wurst üblichem Verfahren, indem wir die wasserlösliche Säure auf Milchsäure, die wasserunlösliche auf Ölsäure berechneten, hierbei ergaben sich folgende Werte:

Bezeichnung	Untersuchte Menge g	Alter des Rogens	Milchsäure g	Ölsäure g	Gesamt-Säuren %
Saiblingsrogen. .	9,8000	frisch	0,19	0,20	0,39
Hechtrogen . . .	11,8440	„	0,22	0,27	0,49
Kabeljaurogen .	12,3400	einige Tage[2])	0,43	0,21	0,61
Elbkaviar	7,9785	unbekannt	0,52	1,91	2,43
do.	8,3490	nach 33 Tagen	0,52	2,48	3,00
do.	7,3000	nach weiteren 28 Tagen	0,34	2,32	2,66
Dorschkaviar . .	4,8440	unbekannt	1,26	2,28	3,54
do. . .	5,9400	nach 17 Tagen	1,29	2,82	4,11
do.[3]) . .	6,5130	nach weiteren 33 Tagen	1,38	2,45	3,83
do. . .	4,4940	„ „ 28 „	1,16	2,51	3,67
Astrachankaviar	5,0335	unbekannt	0,50	1,57	2,07
do.	4,8945	nach 17 Tagen	0,52	1,95	2,47
do.	6,5015	nach weiteren 33 Tagen	0,48	2,10	2,58
do.[4])	10,5715	„ „ 28 „	0,33	2,82	3,15

Der frische Rogen enthält nur geringe Mengen freier Säuren. Beim Aufbewahren nehmen die wasserunlöslichen Säuren, solange nicht Schimmel und Fäulnis eintreten, zu, während der Gehalt an Milchsäure sich nicht wesentlich ändert, der Gehalt an freien Fettsäuren kann also für das Alter eines Kaviars als Maßstab dienen. Immerhin sind die selbst ge-

---

[1]) Wie bereits erwähnt (S. 11), werden gewaltige Mengen Rogen beim Sardinenfang verwendet; diese kosten die Tonne = 1000 kg 12 bis 34 M., also 1 kg = 0,012 bis 0,034 M.

[2]) Die Eihäute waren sehr schwach angefault (am Geruch zu erkennen), der Rogen selbst kaum.

[3]) Hier war teilweise Schimmelbildung eingetreten; deswegen wurde etwas Chloroform zugefügt.

[4]) Hier war Fäulnis eingetreten.

fundenen Säuremengen durchweg höher als die von W. Niebel[1]) im noch genießbaren Kaviar angegebenen, nämlich:

	Russischer Kaviar %	Deutscher Kaviar %	Amerikanischer Kaviar %
Freie Fettsäuren . .	0,16 bis 0,51	0,98 bis 4,31	1,24 bis 6,76[2])

E. Rimini[3]) will für unverdorbenen Kaviar einen Gehalt an freien Säuren, berechnet als Ölsäure, bis zu 6 %/ zulassen; doch dürfte bei einem so hohen Säuregehalt meistens auch Zersetzung eingetreten sein. Interessant ist die Ansicht von Schneider-Riga[4]), daß die freien Fettsäuren sich bei einer Art Reifungsprozeß des Kaviars bilden müssen und dadurch den bekannten pikanten Geschmack desselben bewirken; ganz frischer Preßkaviar soll leicht etwas fade schmecken.

Eine Analyse der Mineralstoffe des Kaviars geben A. Albu und C. Neuberg[5]) wie folgt an:

Frisch. Wasser	Gesamt-Asche	K_2O	Na_2O	In Prozenten der Asche:					
				CaO	MgO	Fe_2O_3	P_2O_5	Cl	SO_3
50,2	7,70	3,33	30,77	5,02	—	0,22	10,55	47,44	0,98

Da die direkte Veraschung des Kaviars und Fischrogens wegen seines hohen Gehalts an Phosphor und Schwefel einmal ungenau[6]), dann aber auch wegen der entstehenden, schwer verbrennlichen Kohle[7]) mit Schwierigkeiten verbunden ist, wendeten wir zur Bestimmung der Basen die Säuregemischveraschung von A. Neumann[8]), nach der man diese in schwefelsaurer Lösung erhält, an und bestimmten Phosphor und Schwefel durch Schmelzen des getrockneten Rogens mit Kaliumhydroxyd und Salpeter im Nickeltiegel[9]). Das Chlor wurde in der durch direkte Verbrennung erhaltenen Asche bestimmt.

---

[1]) J. König, Die menschlichen Nahrungs- und Genußmittel, 1904, II, 572.

[2]) Vgl. auch die Werte von E. Rimini, S. 36.

[3]) Staz. sperim. agrar. Ital. **36**. 249. — Zeitschr. f. Nahrungs- u. Genußmittel **7**, 232, 1904.

[4]) Allgemeine Fischereizeitg. **20**, 512, 1912.

[5]) Physiol. u. Pathol. d. Mineralstoffwechsels, S. 240 ff. Berlin 1906.

[6]) Vgl. A. Juckenack, Zeitschr. f. Nahrungs- u. Genußmittel **2**, 905, 1899.

[7]) Platingeräte werden durch dieselbe sehr stark angegriffen.

[8]) Arch. f. Anat. u. Physiol., Physiol. Abtlg., **1900**, 159.

[9]) In einigen Fällen (besonders im Anfange) eintretendes starkes Schäumen ließ sich durch Zugabe von etwas Paraffin beseitigen.

So erhielten wir folgende Werte[1]):

Nummer	Rogen	Darin Wasser	Gesamtasche		In Prozenten der Gesamtasche							
			darin direkt bestimmt	berechnet (durch Addition d. Bestandteile)	$K^{\cdot}$	$Na^{\cdot}$	$Mg^{\cdot\cdot}$	$Ca^{\cdot\cdot}$	$Fe^{\cdot\cdot\cdot}$	SO_4''	PO_4'''	Cl'
1	Hechtrogen . . . . · . .	66,53	2,06	2,87	11,11	7,14	2,01	4,47	0,03	26,01	47,45	1,78
2	Kabeljaurogen I	72,10	2,13	3,97	6,24	4,64	1,97	4,67	0,10	30,57	46,99	4,82
3	„ II	73,98	1,24	2,19	7,37	8,61	0,19	0,71	0,04	22,31	48,67	12,10
4	Elbkaviar	55,53	6,21	9,53	1,49	28,81	1,38	0,78	0,02	10,05	13,05	44,42
5	Dorschkaviar	59,39	9,81	13,00	1,48	27,73	1,11	0,84	0,21	12,87	12,98	42,78
4	Dorschkaviar ⎰ Auf kochsalz-	—	—	—	5,58	—	5,20	2,94	0,06	37,30	48,92	—
5	Elbkaviar . . ⎱ freie Asche berechnet	—	—	—	5,02	—	3,76	2,85	0,71	43,64	44,20	—

Die Addition der Basen- und Säure-Ionen ergibt folgende Werte:

	Hechtrogen	Kabeljaurogen		Elbkaviar	Dorschkaviar
		I	II		
Basen-Ionen . . .	31,21	24,16	18,19	36,62	33,11
Säure-Ionen . . .	196,45	212,11	202,73	103,67	108,46

Hiernach überwiegen die Säure-Ionen bedeutend die Basen-Ionen, und das hat seinen Grund darin, daß das Fischei, wie wir gesehen haben, eine bedeutende Menge organisch gebundenen Schwefel und Phosphor in Form von Lecithin und Proteinen enthält.

6. Zusammenfassung der Ergebnisse.

1. Der deutsche Handel mit Kaviar und Fischrogen hat eine nicht geringe Bedeutung.

2. Das Fischei enthält, bei einem verhältnismäßig geringen Wassergehalt (geringer als beim Hühnerei), Fleischbasen und Aminosäuren, an Eiweißstoffen wasserunlösliches Ichthulin (vorherrschend) und wasserlösliches Albumin, sowie je nach der Fischart stark wechselnde Mengen Fette.

---

[1]) Bei den Kaviarsorten sind die Werte für Mg jedenfalls durch den Magnesiumgehalt des zugefügten Kochsalzes erhöht, ebenso kann das Eisen teilweise aus dem Verpackungsmaterial (Blechbüchsen!) stammen. Bei Nr. 4 und 5 wurde der Wert für Cl aus Na berechnet (als NaCl).

3. An Fleischbasen enthalten sämtliche von uns untersuchten Rogen, entgegen der Ansicht K. Linnerts, Xanthinstoffe und Kreatinin. An Xanthinstoffen wurden Xanthin und Hypoxanthin isoliert, an freien Aminosäuren mit Sicherheit nachgewiesen: Taurin, l-Tyrosin und Glykokoll, ferner auch Thymin.

4. Die Proteine des Fischeies enthalten reichlich Schwefel und Phosphor. Im Gegensatz zur Spermasubstanz läßt sich, auf gleiche Weise behandelt, aus den Ichthulinen kein Protamin gewinnen. Bei der Spaltung mit Schwefelsäure liefern die Ichthuline in Übereinstimmung mit den Angaben von Hammarsten sowie Levene und Mandel Purinbasen. Ichtuline und Albumine ergeben ferner an Aminosäuren Tyrosin und Leucin (Karpfen-Ichthulin auch Glutaminsäure), an Hexonbasen Arginin, Histidin und Lysin (letzteres wenig). Glykokoll konnte durch Krystallisation des Esterchlorhydrats nicht nachgewiesen werden.

5. Die Fette des Fischeies sind teilweise durch einen sehr hohen Gehalt an Lecithin (bis zu $59,19\,^0/_0$) ausgezeichnet und enthalten nicht unwesentliche Mengen Cholesterin (3,91 bis $14,0\,^0/_0$). Der Gehalt an Lecithin ist am höchsten bei den fettärmeren Rogen.

6. Kaviar und Rogen enthalten freie Säuren, die beim Aufbewahren bis zum Eintritt der Fäulnis zunehmen.

7. Bei den Mineralstoffen des Fischstoffes überwiegen die Säure-Ionen bedeutend die Basen-Ionen, was daher rührt, daß der Schwefel und Phosphor vorwiegend in organischer Bindung vorhanden sind.

Lebenslauf.

Geboren am 25. Februar 1889 zu Bentheim in Hannover als Sohn des dortigen Kaufmannes und Gastwirtes Johann Großfeld besuchte ich von Ostern 1904 an das Gymnasium zu Rheine, das ich am 5. März 1909 mit dem Zeugnis der Reife verließ. Ich widmete mich dem Studium der Chemie an den Universitäten Freiburg i. B., München und Münster. Nachdem ich hier am 2. März 1912 das chemische Verbandsexamen und am 6. März 1912 die Vorprüfung für Nahrungsmittelchemiker bestanden hatte, trat ich im April 1912 in die Landwirtschaftliche Versuchsstation ein, um an derselben meine chemische Ausbildung fortzusetzen und gleichzeitig Vorlesungen an der Universität zu besuchen. Die mündliche Doktorprüfung bestand ich am 20. Juni 1913.

Ich besuchte die Vorlesungen und Übungen folgender Herren Professoren und Dozenten:

in Freiburg: Himstedt, Oltmanns, Willgerodt;

in München: v. Baeyer, Brunn, Dieckmann, Hegi, Hofmann, Paul, Piloty, Röntgen;

in Münster: Bömer, Correns, Kassner, König, Konen, Krummacher, Mausbach, Rosemann, Salkowski, Schmidt, Stempell, Thiel, Tobler.

Die vorstehenden Untersuchungen wurden im chemischen Laboratorium der Landwirtschaftlichen Versuchsstation zu Münster i. W. ausgeführt. Es ist mir ein Bedürfnis, an dieser Stelle meinem hochverehrten Lehrer, Herrn Geh. Regierungsrat Professor Dr. J. König, auf dessen Anregung und unter dessen Leitung vorliegende Arbeit entstand, für seine liebenswürdige Unterstützung und das mir stets erwiesene persönliche Wohlwollen meinen herzlichsten Dank auszusprechen. Dank schulde ich auch allen, die mir durch Literaturhinweise oder Beschaffung von Fischrogen behilflich waren, zumal auch Herrn Privatdozenten Dr. A. Thienemann für seine freundlichen Bemühungen um meine Arbeit.

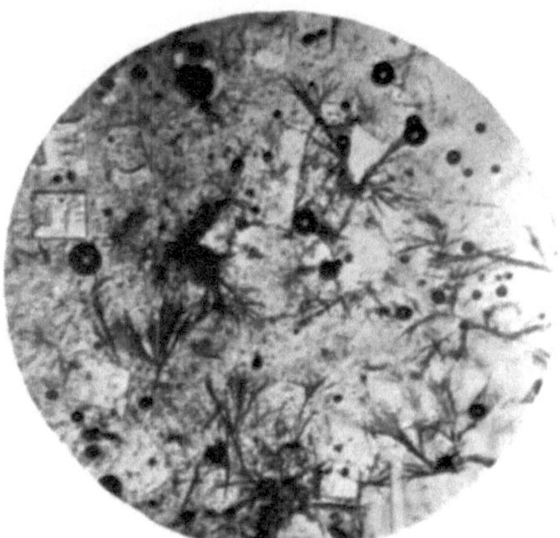

Fig. 1. Kreatinin-Chlorzink.
(Heringssperma.)

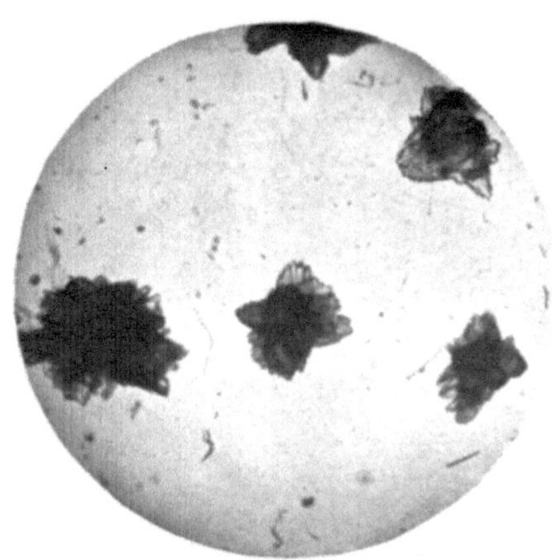

Fig. 3. Xanthinnitrat.
(Kabeljaurogen.)

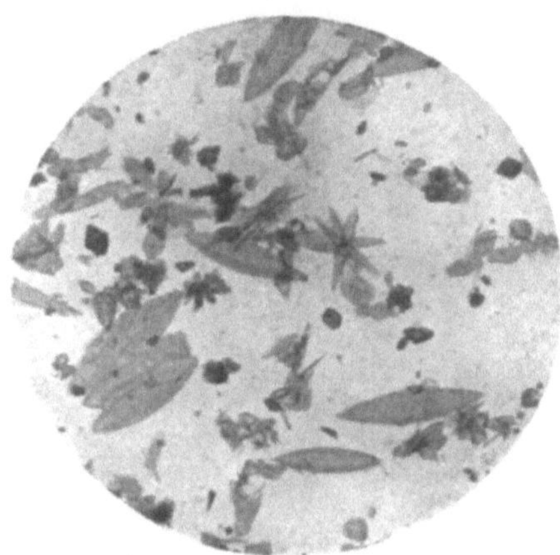

Fig. 4. Hypoxanthinnitrat.
(Kabeljaurogen.)

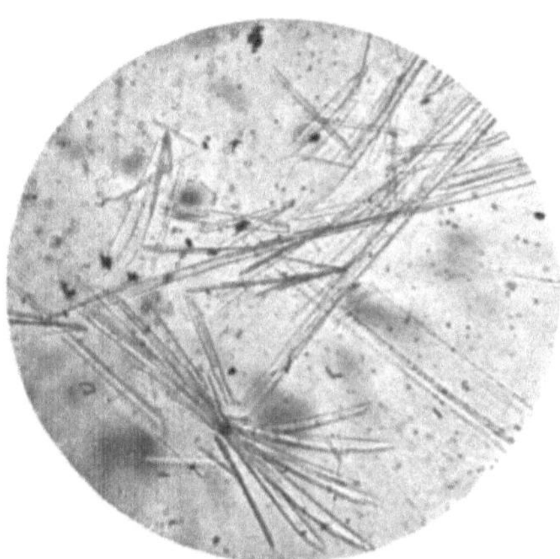

Fig. 5. Hypoxanthin-Silbernitrat.
(Kabeljaurogen.)

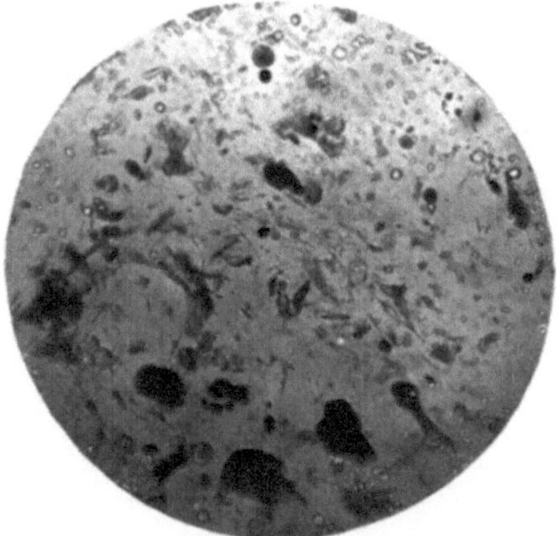

Fig. 6. Kreatinin-Chlorzink.
(Karpfenrogen.)

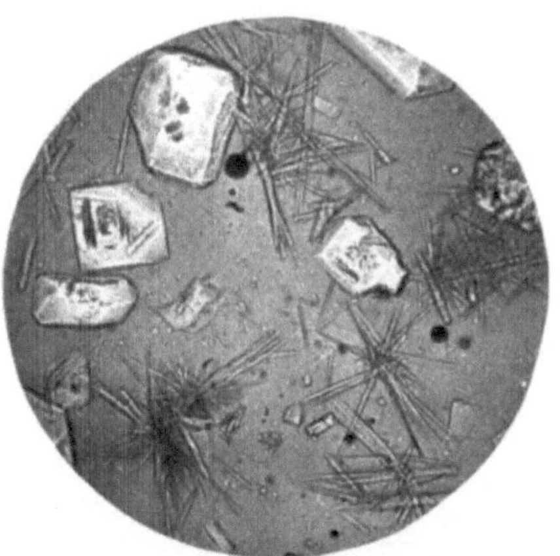

Fig. 7. Kreatinin-Chlorzink.
(Saiblingsrogen.)

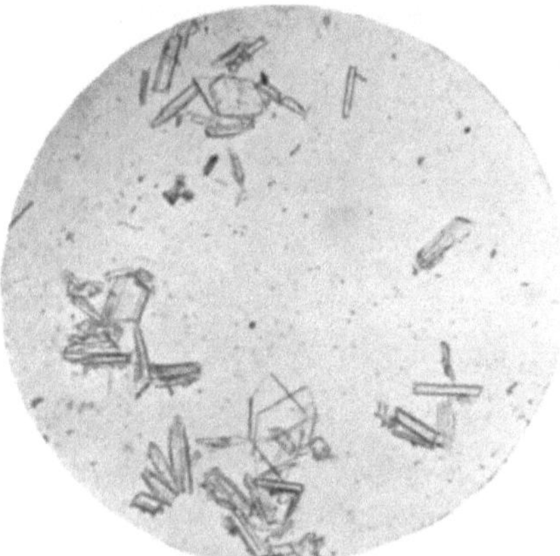

Fig. 8. Kreatinin-Hydrochlorid.
(Heringsrogen.)

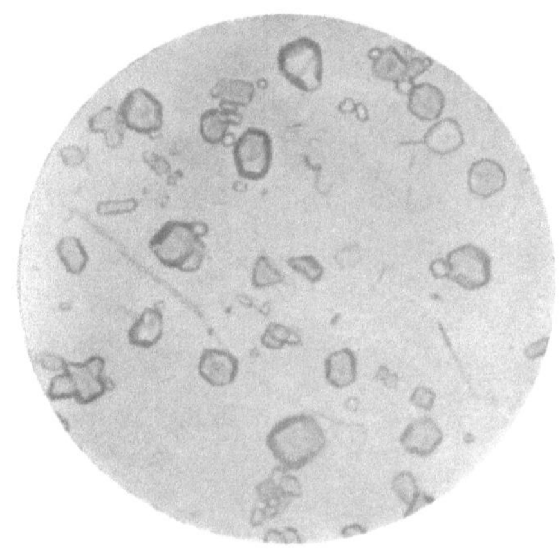

Fig. 9. Taurin. (Dorschkaviar.)

Fig. 10. Thymin. (Kabeljaurogen.)

Fig. 11. Tyrosin. (Karpfenrogen.)

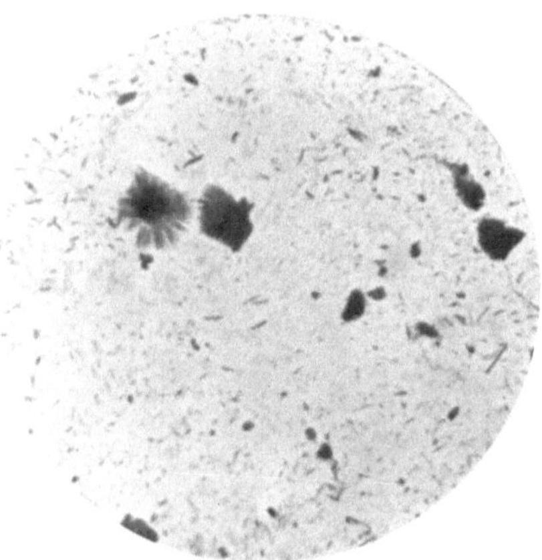

Fig. 12. Leucin. (Karpfenrogen.)

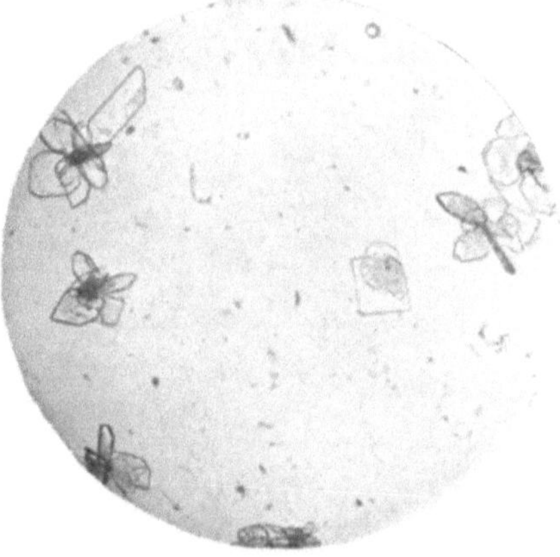

Fig. 13. Histidin-Hydrochlorid.
(Fischrogen.)